新訂版

優雅な $e^{i\pi}=-1$ への旅

→ 数学的思考の謎を解く ←

河田直樹

現代数学社

はしがき

この本を書く切っ掛けになったのは，20 年以上も前に，ある生徒から

どうして 2^0 は 1 なのか？

どうして 2^{-1} は $\frac{1}{2}$ なのか？

という質問をされたことでした．すなわち，

なぜ，2 を 0 回かけたら 1 になるのか？

なぜ，2 を -1 回かけたら $\frac{1}{2}$ になるのか？

というわけです．

私は塾，予備校で 30 年ちかく受験生に数学を教えてきましたが，実は，いまだに数年に一度は，受験生からこの種の質問を受けます．いや，世間からみれば一応「数学のプロ」と見做されている予備校で教え始めた若い教育熱心な数学教師や院生たちからも，「$2^0=1$」や「$2^{-1}=\frac{1}{2}$」をどのように生徒たちに説明すればいいのか，と訊ねられたことがあるのです．

一般的な数学の教科書や参考書には，

$$2^0=1, \quad 2^{-n}=\frac{1}{2^n} \quad (n=1, 2, 3, \cdots\cdots)$$

のように定める，あるいは定義する，としか書かれていません．そして，このように定めておくと「指数法則」が成り立ち，いろいろと便利だから，と述べられています．

なるほど，そうには違いないのですが，おそらくいま上で紹介したような質問をしてくる人たちは，そうした説明だけでは何か釈然としないもの，納得できないものを感じているのではないか

と思われます．

確かに「2^0 や 2^{-1}」と「$2^2=2\times2$ や $2^3=2\times2\times2$」の間には何か決定的な違いがあるのではないか，そして，その「決定的な違い」が，「$2^0=1$」や「$2^{-1}=\dfrac{1}{2}$」という等式の理解を阻害し，その結果いま上で紹介したような質問が生まれるのではないのか，とも推測されます．

ここで，結論めいたものを述べれば，私には「なぜ $2^0=1$ なのか？」という問題は，単に数学上の「特殊問題」ではなく，もっと「普遍的な問題」，すなわち「人間の言語や観念の問題そのもの」に感じられます．この本で考えてみたのは，正にこうした問題です．

本書の目的は，こうした数学的言語や概念の背景に潜んでいる問題を考えながら，「$2^0=1$」や「$2^{-1}=\dfrac{1}{2}$」の延長線上にその優美な姿を現す

$$e^{i\pi}=-1$$

という等式の世界にまで読者を案内することにあります．

ここには「$1,\pi,e,i$」という，数学で頻繁に用いるもっとも基本的な「数」だけしか登場していません．しかし，この簡潔で優雅な等式へ至る旅の途次で，私たちはいろいろな名所旧跡地に立ち寄り，数学言語そのものの問題を考える必要があります．

私が本書で試みてみたのは，この等式の世界に至る過程を通して，人間の言語と観念の問題を考えることです．それは，単に「数学の問題」を考えることではなく，私たちが日常使っている言葉の問題を反省してみる切っ掛けになるのかもしれません．

平成 17 年 1 月 13 日

河田直樹

新訂版にむけて

この本の初版が出版されたのは平成17年7月で，ほそぼそと命脈を保って，このたび新訂版が出る運びとなった．初版出版から，はや10年，感無量である．

新訂版出版にあたり大幅に訂正したところはないが，第10章に筆者が20年以上も前に‘Windows3.1’(と言っても今の若い読者は何のことやら分からないだろうが)上で描いた「ジュリア集合」を挿入した．また新訂版では，文字サイズが一回り大きくなり，そのため頁数が少し増えたが，全体的に旧版よりすっきりしたものになった．ただただ，富田淳氏の御尽力に感謝するのみである．

旧版の「あとがきにかえて」でも記したが，私の興味関心は「数学における思考のあり方」にあり，これに関連して想起されるのはGottllob Frege (1848-1925) が,『フレーゲ著作集2・算術の基礎』(野本和幸｜土屋俊編・勁草書房) の「第87節」で次のように述べていることである．──「数法則というのは，本来，外的な物には適用不可能である．それは自然法則ではない．とはいえ，数法則は外界の物について成立する判断には適用可能である．つまり，それは自然法則の法則である．**数法則が主張するのは自然現象間の結びつきではなく，判断間の結びつきであり，そして判断の中には自然法則も含まれるのである**(ゴチック河田)」──

「$e^{i\pi}=-1$」という等式も，私たち人間の側の，複雑多層な「判断間の結びつき」によって得られたもので，フレーゲが語るように，ここには「自然法則」も含まれているのである．

なお，拙著を読んで「数学は得意ではないが，数学が好きになり大変興味を持った」という読者に少なからず出会えたことは，著者の望外の喜びであった．著者は，日本の若者に「数学というもの」に，さまざまな意味で根源的関心を持って頂きたいと願っている．

平成27年臘月　　著者識

目　次

第1章
指数拡張への序曲

1-1　２を０回掛けると１？

私は受験生たちから幾度か，

なぜ $2^0=1$ となるのか？

と訊かれたことがある．のみならず，予備校や塾で教えている若い数学教師や院生たちからも，「$2^0=1$ をどのように教えればよいのか？」という質問も受けた．

どうして，2 を 0 回掛けると 1 になるのか？

というわけである．

確かに，これは奇妙な式である．ましてや「$2^{-1}=\frac{1}{2}$」という式など，これを文字通り解釈すると，

$$2\text{を}\ -1\ \text{回掛けると}\ \frac{1}{2}$$

ということになるわけで，これはやはりちょっと理解しがたい．すでに私たちの「日常言語」を逸脱している，と言うべきかもしれない．

ところで，こうした「日常言語」から逸脱した言語が当然のように流通している「職業的な数学者集団」というのは，世間一般からはどんなふうに見られているのであろうか．昔ほどではないにしても，やはり，それは「世間とは隔絶された風変わりな人たちの集まり」であり，そこで交わされる言語は普通の人間にはほとんど理解不可能と思われているのではなかろうか．

何を隠そう，数学教師を生業にしている私（もっとも出来の悪い数学教師ではあるが）でさえ，実はそのように感じることがしばしばある．

多くの人たちにとっては「職業的な数学者集団」というのは，一種の「秘密結社」と言ってもいいのかもしれない．それは，時に「神秘的かつ悪魔的なエーリアンの集団」とさえ感じられる．

たとえば，

$$e^{i\pi} = -1 \qquad \cdots\cdots\cdots(*)$$

という式を見ていただきたい．これは，数学屋の間では，ごく普通に流通している平凡極まりない「初級言語」であり，「$2^0 = 1$」という等式の延長線上に自然に登場してくる「言葉」である．

ところが，残念なことに世間の多くの人が，これを「異星人の異星語」と感じ，場合によってはこのような言葉にある種の恐怖感さえ抱いている．

私もこれまで，「数式恐怖症」とも言うべき人たちに何人もお目にかかってきた．だが，これは本当に「異星人の異星語」なのだろうか．あるいは恐怖すべき言語なのだろうか．もし，等式(*)に，そのように感じさせるものがあるとすれば，いったいどこにその理由や原因があるのだろうか．

私にはそれが，単に数学の知識不足からくるものとは思えないのだ．むしろ，その理由や原因は「数学言語」との付き合い方，それへの構え方にあるように感じられる．

今から10年くらい前に，「ランダム・ドット・ステレオグラム」という遊びが流行った．これは図Iのようなもので，2次元平面に描かれたたくさんの黒い点からなる一見無意味な「絵」だが，目を細めてしばらくこれを眺めていると，ある有意味な3次元立体図形が唐突に浮かび上がってくるというものだ．

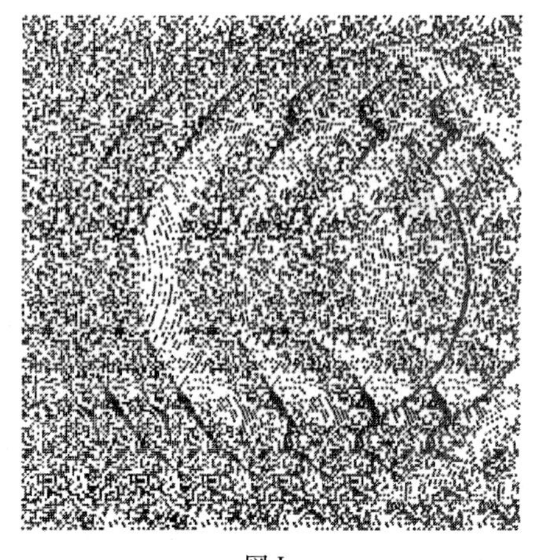

図 I

ちなみに，図 I のランダム・ドット・ステレオグラムは，

$$z=\frac{1}{2}x\sin x$$

のグラフ(図 II)を，z 軸のまわりに回転して作った曲面(図III)を真上から眺めたもので，その方程式は，

$$z=\frac{1}{2}\sqrt{x^2+y^2}\sin\left(\sqrt{x^2+y^2}\right)$$

のようになる．

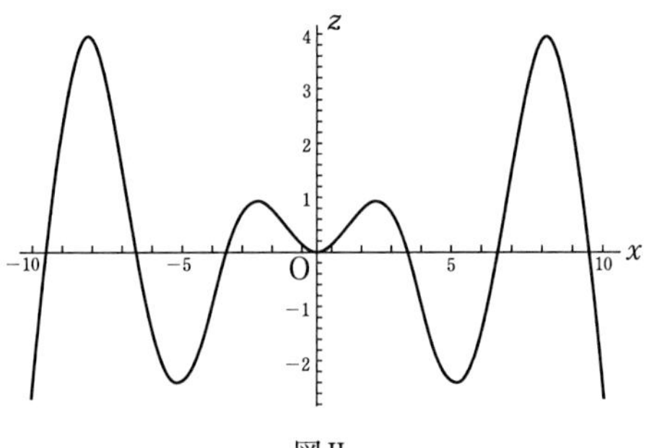

図 II

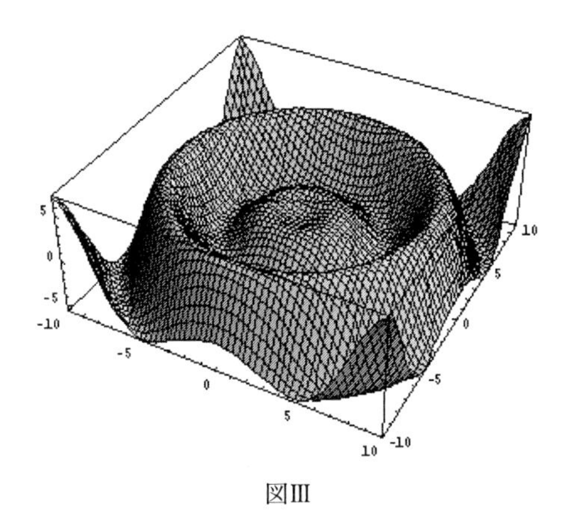

図III

ランダム・ドット・ステレオグラムは視差を利用した遊びで，1960年代のはじめにB.Juleszという数学者が初めて創案したものである．私自身は'90年代の初めに「THE MATHEMATICA JOURNAL」という雑誌でプリンストン大学のDror Bar - Natan教授の解説を読んで，初めてこの「ランダム・ドット・ステレオグラム」を知った．

多くの読者にとって，いまは「$e^{i\pi}=-1$」という式が，ちょうどこの無意味な「ランダム・ドット・ステレオグラム」にしか見えないかもしれない．おそらく，「$e^{i\pi}=-1$」は2次元平面に描かれた単なる「黒い点や曲線」でしかないのだろう．

しかし，少し力みを取ってぼんやり眺めていれば，このランダム・ドット・ステレオグラムから3次元立体が徐々に浮かび上がってきたように，これからのゆったりした言葉の道行きの中で，この式がしだいに意味のある3次元立体，いや日常言語の延長線上にある明晰な言語の紡ぎ出す，多次元空間の堅固な構造物（意味を持つ有機体）に見えてくるだろう．

そう願って，これから「$e^{i\pi}=-1$」への旅に出発しよう．

1-2　$2+2+2+2+2=2\times5$

等式「$e^{i\pi}=-1$」を「意味あるもの」として理解するためには，いろいろなことを知っていなければならない．たとえば，

「-1」とは何か？

「π」とは何か？

「e」とは何か？

「i」とは何か？

といったことだ．しかし，こうした知識をそれ自身単独で知っていたとしても「$e^{i\pi}=-1$」を有意味ならしめることはできない．

「指数関数」や「対数関数」，sin や cos といった「三角関数」，それに「複素数」や「微分積分」のことも少しは知っていなければならない．こういう知識については，必要があればその都度なるべくやさしく説明したいと思うが，もちろん，これらの内容について教科書や学習参考書のように詳しく解説するのが本書のねらいではない．

実は，こうした知識以上に大切なことがある．それは，数学的言語の意味がどこからやってくるのか，ということへの自覚である．本書を読み終えて，その「どこから」というのがおぼろげながら見えてくれば幸いである．

さて，まずはきわめて簡単なことからはじめてみよう．たとえば，

$$2+2+2+2+2=2\times5$$

という小学時代に習った式から考えてみたい．おそらく，今では読者のほとんどの人が，何の疑問も持たずに自明だ，当たり前だと思っている式だ．しかし，小学生のときこの等式を初めて習ったときには，なんだか奇妙で新鮮に思えたはずだ．できれば，読

者諸氏にそのときのことをしっかりと思い出してもらいたい．

これは，

2を5回繰り返して加える

という「意味」で，「2＋2＋2＋2＋2」のように書くのが面倒だから，という理由で「2#5」のように圧縮または省略した式である．

読者の中には，文字式の世界では普通「$a+a+a+a+a$」を

$$a+a+a+a+a=5a \quad (=5\times a)$$

と書くので，

$$2+2+2+2+2=5\times 2$$

とするべきではないか，と感じた人もいるだろう．

もちろん，このように書いても悪くはない．実は「2×5」を「2を5回加える」と考えても，「5を2回加える」と考えてもよい，ということは先刻ご承知であろう．それは下の図からも簡単に了解できる．

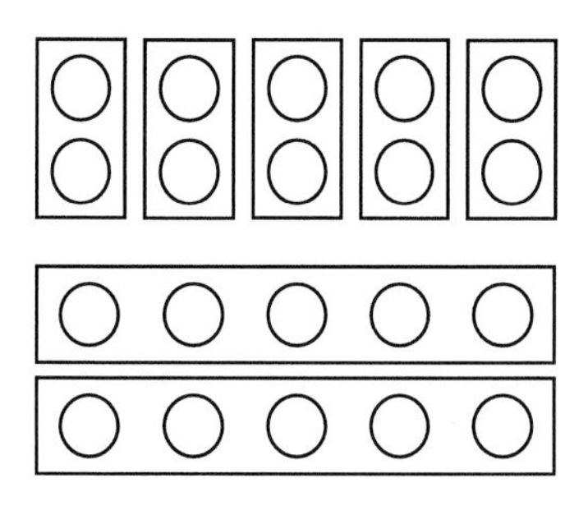

しかし，すでに「『2を5回加える』と考えても『5を2回加える』と考えてもよい」といった議論の仕方に，「物事の関係」を認識する際の何か大切なものが隠されているのかもしれない．

いや，むしろここでは，読者に是非小学1年生に立ち返ってもらい，この当たり前のこと（交換法則が成り立つこと）をもう一

度，じっくりと考えていただきたいと思う．

実際，「50 円のお菓子を全部で 4 個買うと，合計代金はいくらでしょうか」という小学校の算数の問題で，

$$4\times50=200 \qquad \cdots\cdots\cdots①$$

と教えるべきか，

$$50\times4=200 \qquad \cdots\cdots\cdots②$$

と教えるべきか，ということが小学校の教師の間でもときどき問題になる．

①は「4 (個) を 50 倍しているので，合計代金を求める場合は，このように計算するのはおかしい」というわけである．つまり，「一袋に 4 個のお菓子が入っている袋が全部で 50 袋あるとき，お菓子は全部で何個あるでしょう」という問題であれば，①のように計算してもよいが，合計代金を求める問題ではダメだというのである．

普通の大人たちにとっては，このような問題はどうでもいいようにも思える．しかし私自身は上のような小学校の先生たちの議論を無碍には蚩えないと考えている．

なぜなら，小学校の低学年の子供は「2×5」と「5×2」とは「異なる意味」を持つ世界の住人だからだ．あるいは，「2」と「5」の順序が異なれば，それは「異なる意味を持つ」ととりあえずは教えられているからだ．そこで，「4×50」とすべきか「50×4」とすべきかが，大問題になる．いや，この問題は第 8 章で再び触れることになるだろう．

「掛ける順序が異なれば，異なる意味をもつ」という自覚は重要である．「4×50」と「50×4」が等しいということを，当然のこととしてはならないのだ．

しかし，「4×50 = 50×4」という発見も同様に大切である．こ

の発見が，「順序が異なれば，異なる意味を持つ」という日常的，個別的，具体的意味に厳しく束縛された世界から，私たちを自覚的に解き放つ．それは「掛ける順序が異なっても，同一の計算結果が得られる世界」すなわち「順序の無視できる世界」への第一歩であり，素朴な抽象世界への最初の旅立ちなのだ．

実は，この抽象への小さなステップこそは，等式「$e^{i\pi}=-1$」に到達するまでに，これから私たちが何度も経験しなければならない言葉のメタモルフォーゼのとば口なのである．

1-3　＋，－，×，÷

ところで，私たちが普段何気なく使っている「＋，－，×，÷」といった記号は，一体いつ頃，だれが用い始めたのか ――これは，その昔，結婚して「主婦」になった私の教え子から，夜，急に電話がかかってきて，訊ねられた質問である．自分の子供から訊かれたそうで，答に窮して，私のところに電話してきたのである．

四則計算の記号(＋，－，×，÷)が，現在のようなスタイルになってくるのは，ルネサンス期である．その頃までは，「プラス」は「et(これはラテン語で，＜そして，ところで，また＞といった意味がある)」と記し，「マイナス」はと言えば，たとえば「マイナス2」は「$\bar{2}$」のように書いていたらしい．

「＋」や「－」という記号が初めて登場する書物は，1489年，ドイツのライプチッヒで出版された**ヨハネス・ヴィッドマン**の算術書である．彼は「計算親方」と呼ばれていたが，カジョリの『初等数学史』によると，ヴィッドマンは「－ とは何か，それは不足

⟨minus⟩である．＋とは何か，それは過剰⟨mehr⟩である」と述べており，彼はこの記号を今日的な意味の「計算記号」として用いてはいない．ちなみに「＋，－」が，「計算記号」として用いられた最初の書物は，1514年にオランダで出版された**ファンデル・ホエッケ**という人の著作であったというのが定説である．

「×」は，1600年頃イギリスで広まったと言われている．また「÷」は，ヨーロッパにおいては元来「引き算」を表す記号であったが，これがイタリアの数学者たちによって「割り算」に転用されて定着したらしい．

「÷」という記号が，「割り算」の意味で最初に登場するのは，1659年，ドイツの**ラーン**という人によって物された『Teutsche Algebra』(「Teutsch」は「Deutsch」と同義語で，「ドイツ代数学」という意味である)という書物においてである．

ここで，ついでに「＝」や「＞，＜」や「√」といった記号についても簡単に説明しておこう．

等号「＝」は，イギリスの**レコード**という人の書いた『知恵の砥石』という代数学の教科書に初めて現れる．この本は「英語」で書かれており(当時のヨーロッパの学術書はそのほとんどが「ラテン語」によって書かれていた)，1557年にロンドンで出版されている．

不等号「＞，＜」も，やはりイギリス人**ハリオット**が書いた『Artis Analyticae Praxis(実用的解析術)』という本の中に初めて登場したと言われているが，当時の多くの学者は，

，

といった記号を使っていたとも言われ，はっきりしたことはよく

分っていない．

平方根の記号「√」は，**ルドルフ**という人が1525年に書き残した「Coss（これは，〈物〉という意味で転じて〈未知数，代数学〉という意味になった）」という草稿に見ることができる．これは，28年後の1553年に，指数法則の発見者の一人である**ミハエル・スチーフェル**によって刊行されるが，この本の中で，$\sqrt{\ }$，$\sqrt[3]{\ }$，$\sqrt[4]{\ }$などは，

のように書かれている．こうした記号の由来はradix（ラテン語で〈根，基底，起源，発端〉といった意味）の頭文字「r」が

のように，変化して記号化されていったのではないかと推測されているが，真偽のほどは明らかではない．

1-4　$2\times2\times2\times2\times2=2^5$と指数法則

2を5回「繰り返し加える」ことを，2×5（あるいは5×2）と「約（つづ）めて」書いた．すなわち，

$$2+2+2+2+2=2\times5$$

であることを，私たちは確認したが，では，繰り返し掛けることは「約めて」書かれないのか．

いうまでもなく，2を5回「繰り返し掛ける」ことを，私たちは2^5（これを「2の5乗」と読む）のように書く．つまり

$$2\times2\times2\times2\times2=2^5 \quad (=32)$$

というわけである．

この場合，2^5 と $5^2(=5\times5=25)$ とが異なるのは，その「意味」を考えれば納得できるだろう．今度は「2」と「5」の順序は無視できないのだ．すなわち，「$2^5=5^2$」は成立しない．これは「2^5」の「5」は 2 の右肩に小さく書いてあり，「5^2」の「5」は自分が主役とばかりに大きく書いてあるので，その記法からしても了解できるはずだ．

この書き方に倣えば，2 を繰り返し 10 回掛けることを 2^{10}，100 回掛けることを 2^{100} と簡単に書ける．とは言え，2^{100} を実際に計算するのはなかなか大変で，これは

$$1267650600228229401496703205376$$

のような 31 桁の数になる．

ともあれ，

「ある数 a を n 回掛けること」を「a^n」

と書くと「約束」してしまえば，私たちはかなり大きな数も容易に表現できるのだ．

ところで，ここで注意しておきたいのは，「n」は，

$$1, 2, 3, 4, 5, \cdots$$

のような「正の整数(＝自然数)」だ，ということである．

数学の得意な中高生や，かつて数学好きだった社会人の中には「いや，n は 0 だって，-3 だって，$\dfrac{2}{3}$ だって，あるいは $\sqrt{2}$ のような『無理数』だっていいのだ」と思っている人もいるに違いない．確かに，結果的にはそのように考えても悪くはない．

だが，問題はなぜそのように考えてもいいのか，ということだ．それは，単に「数学上の定義」には，収まり得ない問題を孕

んでいるのではなかろうか．先を急ぐのはやめよう．

「ある数 a を n 回掛けること」を「a^n」と書くと約束する．すなわち，

$$\underbrace{a \times a \times \cdots\cdots \times a}_{n\text{個}} = a^n$$

のように定めると，ここに面白い規則を見つけることができる．中学校の数学の授業では，これを「**指数法則**」として教わるが，次のようなものだった．

（Ⅰ）$a^m \times a^n = a^{m+n}$　（m, n は正の整数）

（Ⅱ）$a^m \div a^n = a^{m-n}$　（m, n は正の整数で，$m > n$）

このほかにも，「$(a^m)^n = a^{mn}$」とか「$(ab)^n = a^n b^n$」といった計算法則を思い出した人もいるだろう．

式の意味が分れば，（Ⅰ）も（Ⅱ）もきわめて当たり前のことで，たとえば，上の式で $a = 2$，$m = 5$，$n = 3$ とすると

$$2^5 \times 2^3 = 2^{5+3} \quad (= 2^8 = 256)$$

$$2^5 \div 2^3 = 2^{5-3} \quad (= 2^2 = 4)$$

が成り立ちますよ，と述べているに過ぎない．しかし，こんにちの私たちから見て当然のことも，400 年以上も前に遡ればそうでもないことは山ほどある．

「いまから四百年ほどむかしのこと，イタリアにミハイル・スチーフェルという人がいた．」という書き出しで始まる「ふしぎな数の計算規則」という話を初めて読んだ小学生の私にとっても，「× が ＋ に，÷ が － になる」ということは，当然どころか驚くべき発見であった．これは私が少年時代に読んだ『ピタゴラスから電子計算機まで』(板倉聖宣編・国土社) という本に出ている話だ．少し引用してみよう．

この人は，キリスト教の牧師であったが，数学が好きなので有名だった．

彼はあるとき，聖書に出てくる数をひねくって，それから「ローマ教皇は獣(けだもの)である．」という結論を出した．ローマ教皇といえば，そのころキリスト教を支配する最高の位だが，スチーフェルは，ローマ教皇の腐敗したやり方に反対する，ドイツ人ルターの宗教改革運動に加わっていたのである．

スチーフェルは，このほか，聖書に出てくる数をひねくって，いろんな屁理屈を考え出した．その中には，「世界は 1533 年の 10 月 19 日に，滅亡する．」という結論もある．これには，みんなびっくりした．しかし，そのおそろしい日はなんともなく過ぎ去った．スチーフェルの数の占いは完全に間違っていたのだ．

かれはこういう数の占いをやっているうちに，あるときふと，不思議なことを見つけた．

1	2	3	4	5	6	7	8	9	10	11
⋮	⋮	⋮	⋮	⋮	⋮	⋮	⋮	⋮	⋮	⋮
2	4	8	16	32	64	128	256	512	1024	…

という具合に，次々と，前の数に同じ数（2）を掛けた数の列を作っていくと，この数の間の掛け算や割り算は，足し算や引き算で代用することができる，というのである．

ミハエル・スチーフェル（1486？～1567）は 16 世紀のドイツ最大の代数学者であると言われている人で，カジョリ『初等数学史』には「彼ははじめ郷里エスリンゲンの修道院で教育を受け，後に新教の牧師となったが，『黙示録』や『ダニエル』書中に含まれている神秘的な数の意義を研究して，ついに数学者」となり，さらにその後「ドイツとイタリアの書を読み漁り，1554 年には，算術と代数を含むラテン語の書『算術全書（Arithmetica Integra）』を公刊した」とある．

ともあれ,「指数法則」なんて, まったく知らなかった少年時代の私は, 上の説明に夢中になった. 実際,

$$16\times64$$

は, 16の上に書いてある「4」と64の上に書いてある「6」を加えて,「10(＝4＋6)」であり, その「10」の下に書いてある1024が, 答ということになる. 割り算についても, たとえば,

$$512\div32$$

は, 512の上に書いてある「9」から32の上に書いてある「5」を引けば,「4(＝9－5)」だから, その「4」の下の数を見て, 答は16とたちどころに分るというカラクリである.

これは要するに, 上で述べた指数法則の(Ⅰ),(Ⅱ)の具体的な例に過ぎないのだが, 少年時代の私は「なんとふしぎなことだろう」と無邪気に感動したもので, その驚きと感動は今も忘れ難い. そして2倍の場合だけではなく, 3倍, 4倍, 5倍, …といった場合についても,「#が＋に, 'が－になる」ことを自分で試してみたことを懐かしく思い出す.

スチーフェル自身にとっても, この「指数法則」は「不思議」と感じられたようで, さきほど紹介した『算術全書』という本の中で, この指数法則に言及しているのである.

1-5　指数の拡張への序曲

2を5回掛けることや2を10回掛けることを, 私たちは「2^5」とか「2^{10}」のように書くと約束した. もっと一般的に述べれば, 数aをn回掛けることを,

$$a^n\ (a\text{の}\ n\ \text{乗})$$

のように表す，と取り決めたのである．

繰り返すが，ここで注意しておきたいことは，「n」は，

$$1,\ 2,\ 3,\ 4,\ 5,\ \cdots\cdots$$

のような正の整数（＝自然数）であった，ということであり，「このとき」，とはつまり「n」が正の整数のときは，「a^n」**は表記上，「それ自身単独で」いわば「自己完結的に」，私たちにその現実的意味を開示している**，ということである．あるいは，もっと慎重に述べれば，そのように「思われる，感じられる」ということだ．

「それ自身単独で」というのは言い過ぎかもしれない．だが，少なくとも中学生以上であれば，そのように感じられるはずだろう．

さて，そこで問題が生じる．それは，はじめにも述べたように，

2 を 0 回掛けるとどうして 1 $(=2^0)$ になるのか？

2 を -1 回掛けるとどうして $\frac{1}{2}$ $(=2^{-1})$ になるのか？

という問題である．

確かに，これらは「2 を繰り返し 5 回掛ける $(=2^5)$」とか「2 を（繰り返し）1 回掛ける $(=2^1)$」ということを納得した仕方では理解できない．「a^n（n は正の整数）」を定義したその定義に準拠して「2^0」や「2^{-1}」を考えようとするとまごつく．なぜなら，私たちは「2^5」を見て，紙の上に

$$2,\ 2,\ 2,\ 2,\ 2$$

のように，「2」を 5 個書くことができ（これが“それ自身単独で現実的に意味を開示している”という意味である），そしてこれらを実際に掛け合わせてみることができるが，「2^0」や「2^{-1}」を見て，紙の上に「2」を「実際に」0 個書くこともできなければ，ましてや

「-1」個書いてみることもできないからだ．

とすれば，当然のことながら，こうした言葉遣いそのものが意味をなさないのだ．それは「想像上の得体の知れない，数とも言えない何か」であり，「2^0」や「2^{-1}」は，「それ自身単独で」現実的な意味を開示することはないのだ．

このような文脈で考えると「なぜ，2を0回掛けると1(=)になるのか？ なぜ，2を-1掛けると$\frac{1}{2}(=2^{-1})$になるのか？」という問いは至極もっともな疑問である．

では，こうした疑問に私たちはどのように答えればよいのであろうか？ 実はこの疑問の背景には，数学における言語，いや私たちが遣っている言葉そのものの問題が横たわっているように，私には感じられる．

「a^n」は，「n」が正の整数である限りにおいて，「それ自身単独で(と感じられるように)」その意味(＝aを繰り返しn回掛けるという意味)を，私たちの前に現してくれる．しかし，「n」が0や負の整数になると，途端にその意味が失われる．従来の「意味付け」は，もはや通用しなくなる．

とすれば，「2^0」や「2^{-1}」はまったく別の観点から「意味付け」されなければならないはずだ．その別の観点とは，いったいどんな観点なのであろうか？

1-6　指数の0または負の整数への拡張

「2^n」がどんな意味を持つか，また「÷」が何を意味していたか，こういうことが了解できている人にとっては，以下の計算は容易に納得できるだろう．

① $2^5 \div 2^1 = 2^4$ $(4 = 5-1)$

② $2^5 \div 2^2 = 2^3$ $(3 = 5-2)$

③ $2^5 \div 2^3 = 2^2$ $(2 = 5-3)$

④ $2^5 \div 2^4 = 2^1$ $(1 = 5-4)$

ところで，ここで問題にしてみたいのは，以下の⑤である．

⑤ $2^5 \div 2^5 = 1$(?)

上のような割り算の「流れ（あるいは「系列」）」の中で考えた場合，

「$2^5 \div 2^5 = 1$」の「1」を「$2^{\square}$」の形で表してみたい

と考える（あるいは志向する，欲望する）のは極めて自然なことだろう．

なぜなら，それまでの①～④までの割り算の結果はすべて「$2^{\square}$」の形になっているからだ．そして，$2^m \div 2^n$ (m, n は正の整数で，$m > n$)の答の指数（$= 2^{\square}$ の $\square$ のこと）はすべて，

$$m - n$$

の形になっているのだ．

では，この形をそのまま⑤の「1」に当てはめるとどうなるか．いうまでもなく，

$$2^5 \div 2^5 = 2^{5-5} = 2^0$$

のようになる．

とすれば，「$2^0 = 1$」と定めておけば，上のような割り算をするのになかなか都合がよく便利ではないか，という予想は立つ．のみならず，

$$2^5 \div 2^6 = \frac{1}{2^1}, \quad 2^5 \div 2^6 = 2^{5-6} = 2^{-1}$$

$$2^5 \div 2^7 = \frac{1}{2^2}, \quad 2^5 \div 2^7 = 2^{5-7} = 2^{-2}$$

$$2^5 \div 2^8 = \frac{1}{2^3}, \quad 2^5 \div 2^8 = 2^{5-8} = 2^{-3}$$

などから，

$$2^{-1} = \frac{1}{2}, \quad 2^{-2} = \frac{1}{2^2}, \quad 2^{-3} = \frac{1}{2^3}$$

のように定めておくことも可能だろう．

このように定めておけば，スチーフェルの「＋ が － になる」という計算方法がさらに広い範囲に適用できるのだ．おそらく，こうした「統一的形式」への志向性は，人間の根源的な美的秩序への欲求に根差しているのだろう．

ともあれ，ここまでの話から分るように，「2^0」や「2^{-1}」に「2^n」の従来の意味を適用して考えることはできない．これらは，①～⑤のような割り算の流れ，あえて言えば「割り算の意味の流通場」から生まれてきた記法である．

「2^0」や「2^{-1}」はこの流通場に放り込まれて初めて新たな意味を獲得するのである．別の観点からの意味付けとは，このことである．

考えてみれば，これは驚くべきことだ．「2 を －1 回掛ける」という，それ自身単独では何を言っているのか分からなかったことが，数学的言語の作る割り算の流れの中で「有意味なもの」に変容したからである．

1-7　一つの喩話

ところで，生徒から「2 を 0 回掛けるとどうして 1 になるのか，2 を －1 回掛けるとどうして $\frac{1}{2}$ になるのか」という質問をされたとき，いつも持ち出す類比(＝アナロジー)がある．それはこんな喩話だ．

私たちは「千円札」を見て，いろんな意味，あるいはこの現実社会におけるさまざまな可能性を考える．たとえば，自宅から秋葉原までの往復の交通費になるとか，ノートが5冊買えるとか，あるいは歌舞伎座で1回立ち見の観劇ができるとか，だ．

しかし，「千円札」それ自体は単なる「紙切れ」である．それを極寒のシベリアの地へ1万枚持っていっても，おそらくそれは「貨幣」としての意味を持たず，暖を取るための「紙切れ」にしかならないだろう．

「千円札」が貨幣としての意味を持つのは，日本国という「貨幣の流通場（＝意味の流通場）」が存在して，はじめて可能なのであって，その「意味の流通場」が失われれば，**「千円札」はそれ自体単独で意味を持つことはない**．そして，その「意味の流通場」は，私たちの「言葉」が長い時間をかけて創り上げてきたものだった．

実は，「2^0」や「2^{-1}」についても同じことが言える．これらの意味を，「2^{10}」や「2^5」と同様にそれ自体に依拠して問うことは，「紙切れでしかない千円札」がそれ自体でなぜ価値を持つのか，なぜ有意味なのかを問うのと同じことだ．

「千円札」はそれ自体では物としての「紙切れ」に過ぎない．同様に，「2^0」はそれ自体では意味を持たない．それは「割り算の意味の流通場」の中ではじめて意味を獲得していくのである．

これはまた次のように言い換えてみることができるかもしれない．すなわち，「2^5」はそれ自体で価値を持つ「金貨」であり，「2^{-1}」はそれ自体では「金」と交換することが保障されていない単なる「紙幣」だ，と．

とはいえ，この喩，すなわち

$$(\text{金貨}):(\text{紙幣})=(2^5):(2^{-1})$$

というアナロジーには，微妙に怪しいところもないわけではない．

というのは，この喩は，「金」がそれ自体で価値を持つように「2^5」がそれ自体で意味を持ち，一方それ自体では価値を持たない「紙幣」が社会的な価値の流通場を通して価値を獲得するように「2^{-1}」も割り算の流通システムを通して意味を持つ，と語られているからだ．

確かにいまの私たちには，「金貨」がそれ自体で価値を持つように，「2^5」もそれ自体で意味を持っていたかのように見えはする．が，しかし，これは本当なのであろうか．

たとえば，掛け算を知らない小学1年生の子供に「2^5」と書いて見せてみるとよい．その子にとっては，これはそれ自体で意味を持つものとは感じられないだろう．もし，私たちが「2^5」をそれ自体で意味のあるものと感じるとすれば，それは基本的な数学的言語に慣れ親しんできたからに他ならない．

実は「金貨」だって，それ自体で意味を持つかどうかは怪しいのだ．ひょっとすれば，この世には，「それ自身単独で意味を持つもの」などというものはないのかもしれない，と言ってみたくもなる．

しかし，それにしても「貨幣」というものは不思議なものである．その理由がなんであれ，私たちの社会において当然のように「貨幣」が流通していることは，驚くべき「奇跡」である．

「『神秘』とは，貨幣が『ある』ことなのである」と『貨幣論』で語った岩井克人氏は，「貨幣が貨幣である事実は，一回の玉音放送によって霧散してしまう共同幻想」などではなく，それは「商品世界の存立構造そのものが必然化する社会的な実在」なのだと述べている．そしてまた「貨幣という存在は，まさにみずからの存在の根拠をみずからで宙づり的につくりだしている存在」だと指摘する．

「数学」についてもまた，似たような側面がある．「数学が数学である事実」は，共同体の申し合わせによって作られた単なる共同幻想などではなく，またその存在は「正にみずからの存在の根拠をみずからで宙づり的につくりだしている」学問だということもできるかもしれない．

そして，第4章の「恐慌論」で岩井氏は次のように書いている．

> 第3章においてわれわれは，金地金から金貨，金貨から紙幣，紙幣からエレクトロニック・マネーへと，貨幣のモノ性がしだいに希薄になっていく貨幣の系譜をたどることによって，それが本物の貨幣の単なる代わりがそれ自体で本物の貨幣になってしまうというちいさな「奇跡」のくりかえしであることを論じてみせた．

おそらく，読者は本書の2章以降で「数式のモノ性（＝実体性，数式自身による具体的意味の開示性）」がしだいに希薄になっていく数式の系譜を辿ることによって，「モノ性」の希薄な数式が，それ自体で本物の新たな意味を開示する小さな「奇跡」に繰り返し遭遇するであろう．

ともあれ，私たちはそれ自体で意味を持っていると感じられる「2^5」のような世界から，意味の流通場（＝計算の流通場）を通して初めて意味を獲得する「2^{-1}」のような世界に，いまや躍り出たのである．

第2章
数の拡張

2-1 負の数の導入

私たちは「2^n」の指数「n」が，

$$1,\ 2,\ 3,\ \cdots\cdots$$

という「正の整数(＝自然数)」の世界から，

$$0,\ -1,\ -2,\ -3,\ \cdots$$

という「0や負の整数」をも含んだ拡張された世界の住人になった．そして，これが「割り算の意味の流れ」を契機にして起こってきたことを確認した．

しかし，ここでは「0」はひとまず措くとして，すでに「負の整数」そのものが，考えてみれば「得体の知れない想像上の数」ではなかったか．そしてそれはある「意味の流通場」から誕生してきてはいなかっただろうか．これからしばらくは，それについて考えてみたい．

たとえば，小学1年生に

$$5+\square=3$$

を満たす数 $\square$ を答えさせてみるとよい．彼等は「5にある数 $\square$ を加えれば，5より大きくなるはずだから，こんな数はない」と答えるはずだ．

いや，私たち自身がかつてはすべてそのように答える世界の住人だった．「-2」と言われたって，このような数がそれ自身単独で現実的な意味を開示するとは感じられなかったはずだ．「2」を体感するには「2個のリンゴ」に触れてみればよい(とは言え，「2個のリンゴ」は「2」そのものではない)が，「-2」をそれ自身で実感することは難しい．

実は，私たちにもっとも馴染み深い

$$1,\ 2,\ 3,\ 4,\ 5,\ \cdots\cdots$$

という「正の整数(＝自然数)」でさえ，それ自身単独で現実的な意味を開示するかどうかは疑ってみなければならないことなのだが，これについては，いまは措くことにする．

上のような問題だけではない．

$$3 \times \square = 12$$

という問題に対して，$\square = 4$ と答えることができても，

$$3 \times \square = 7$$

という問題に対しては，その答を表す「数 $\square$ 」を用意できなかったはずである．数と言えば「正の整数(＝自然数)」，すなわち

$$1,\ 2,\ 3,\ 4,\ 5,\ \cdots\cdots$$

のようなものの「存在」しか知らなかった「小学１年生」の私たちは「こんな数はない」と答えるほかはなかったのだ．

ここまで，縷々説明してきたのでもうお分りであろうが，「負の整数」が生まれてくる契機は，たとえば

$$3-1=2$$
$$3-2=1$$
$$3-3=0$$
$$3-4=?$$
$$3-5=?$$

といった「引き算(＝足し算の逆演算)の意味の流通場」であり，よし仮想的なものであったにせよ，「$3-4=$」を満たす「数の存在」を与えるために，私たちは「-1」という「仮構された数」を作り出したのであった．そして，「-1」という「数(あるいはシンボル)」が一旦生まれると，「-1」は間違いなく私たちの「観念の世界」に生々しい存在を獲得するのであり，私たちはその「負の整数の存在」の証しとして，またこれにひとつの現実的なイメージを与え

るために，たとえば下のような「数直線」を工夫したのである．

この数直線のモデルを利用すると，「3−1＝」は，「3」と記された点から「左向きに1」だけ移動した点「2」を表し，

「3−2＝」は「左向きに2」だけ移動した点「1」を

「3−3＝」は「左向きに3」だけ移動した点「0」を

「3−4＝」は「左向きに4」だけ移動した点「−1」を

「3−5＝」は「左向きに5」だけ移動した点「−2」を

それぞれ表していたということが分る．そしてまた，「マイナス記号(−)」は，「左向きに移動」という「動詞的な働き」や「負の世界に在るところの」という「形容詞的な働き」をもっていたことも納得できるだろう．私たちは「−1」を仮構することで，まっすぐに伸びた数直線に「向き(左右の向き)」を導入したのである．

もっとも，こうしたことが了解できるのも，言葉の作り出す一つの世界(この場合は「数直線」というモデル)に負っていたことは，くどいようだが，ここでもう一度強調しておきたい．

また，私たちは，

私はあなたから1000円借りている

ということを，非日常的に，ではあるが，

私はあなたに −1000円貸している

と言ったりする．いや，「非日常的」どころか，気付かぬうちに私たちはこの「マイナス(−)」を「反対の」といった意味でごく普通に用いているのだ．

実際，確定申告をして還付金を受け取ったことのある人なら，税務署では「−」の代わりに「△」が用いられていることはご存知だろう．また，私たちは「あれはマイナス要因である」とか「今年はマイナス成長だ」といった言い方もする．

さらに，向き付けられた数直線は，現在の私たちの素朴な時間感覚，歴史感覚とも合致する．「0」は「ただいま現在」であり，「＋1」は未来の「1時間後」であり，「－1」は過去の「1時間前」なのだ．そして，左右両方向に伸びた時間直線をたどっていけば，未来の1億年後や過去の1億年前にも到達できて，その時点で何が起きるか，また何が起こったかを想像できるのである．地球誕生の日や地球消滅の日があると考えるのも，数直線という形式に依拠しているとも言えるのだ．

小学1年生の子供にとっては，「－1」はそれ自体単独で意味を有してはいなかったが，日本国の義務教育を終えた人間にとっては一応「－1」は，その意味を単独で開示するように感じられるのだ．

これは教育のお陰というべきであるが，それはそれとして，なぜ，人間はこのような「数の存在」を与えようと欲するのか．そしてまた「存在」とはそもそも何なのか？

私は，「存在」そのものと同時に「存在」を与えようとする人間の欲望が，不思議でたまらない．この欲望こそが，やがて「虚数単位」を生み出すことになるのだが，これは人間の発明した「1, 2, 3, 4, 5, ……」という自然数の言葉自体にすでに胚胎していた萌芽の必然的な結果なのかもしれない．

2-2　有理数の導入

「負の整数」と同様に，$\dfrac{[\text{整数}]}{[\text{整数}]}$ の形をした「分数(正確には有理数)」も，さきほど少し触れておいたように掛け算・割り算による「意味の流通場」から生まれてきているのは言うまでもない．

$$3\times x=12$$

を満たす「数 x」を「正の整数の世界(これを「$\mathbb{N}$」と通常書く)」で見つけることはできるが，

$$3\times x=7$$

の場合はそうは問屋が卸さない．そこで私たちはこの x を

$$x=\frac{7}{3}\left(=2+\frac{1}{3}\right)$$

のように書くことにするのだ．

端的に言ってしまえば，これが「分数誕生」の秘密である．この「誕生物語」について詳しく知りたい人は拙著『世界を解く数学』(河出書房新社)を参照してもらえばよいが，いずれにせよ，「負の整数」も「分数(＝有理数)」も，ごく素朴な計算から派生した「意味の流通場」の齎したものなのである．

そして，余計なことを一言付け加えておけば，算数や数学に習熟するとは，この日常生活と隔絶されていると思われている「意味の流通場」におけるさまざまな表記(「2^5」とか「2^{-1}」とか「-1」とか「$\frac{7}{3}$」)が，それ自身単独で意味を有していると感じられるようになるまで，訓練するということに他ならないのだ．

それは，ちょうどこの貨幣経済社会に生きていくための，子供の最初の訓練が，それ自身単独ではおよそ無価値であると感じられる単なる「紙切れ」に過ぎない「千円札」の意味を学ぶのと同じことだ．もっとも多くの人は，その意味を学び取るのにそんなに苦労しなくてもすんだかもしれないが…….

2-3　無理数の世界

ここまで,「分数(＝有理数)」や「負の数」が,

$$3\times x=7 \qquad \cdots\cdots\cdots\cdots ①$$

$$5+x=3 \qquad \cdots\cdots\cdots\cdots ②$$

といった未知数 x を含んだ等式(ご存知のように，これを「方程式」という)を契機に生まれてきたことを述べてきた.

①や②は

①： $3\times x=7 \Longleftrightarrow 3x-7=7-7$ (両辺から 7 を引く)

$\Longleftrightarrow 3x-7=0$

②： $5+x=3 \Longleftrightarrow x+5-3=3-3$ (両辺から 3 を引く)

$\Longleftrightarrow x+2=0$

のように変形できるので，これらは 2 つとも

$$ax+b=0\ (a,\ b\ は整数) \qquad \cdots\cdots\cdots (*)$$

の形の方程式になっていると言うことができる．言うまでもなく,

①では，$a=3$，$b=-7$

②では，$a=1$，$b=2$

である.

(*)の a も b も，とりあえずは「すべての整数」の「代表」と考えておけばよく,(*)は，①や②を一般化，抽象化したものである．数学屋は，このような「一般的，抽象的な形式」を大切に考える人種なのだ.

それは，一見「ためにする一般化，抽象化」に思えるかもしれないが，実は一般化や抽象化が最も個別的，具体的な問題を考えていく上で役立つというパラドックスがしばしば起こるのである．これは人間の思考そのものの中に秘められている不思議であ

ろう．

実際，中学生になって(＊)のような「方程式」を習うと，小学生のときに教わったいろいろな文章題が，ほとんどすべてこの形の方程式に還元され，いとも簡単に解けてしまうという経験をされた方もあるだろう．「あんなに難しく思われたあの問題は一体何だったのか」と，多くの読者が感じられたにちがいない．

さらに，ここで「a, b は整数」という条件にこだわっておこう．というのも，たとえば，

$$\frac{2}{5}x+\frac{1}{3}=0 \qquad \cdots\cdots\cdots\cdots ③$$

は，a, b が整数ではなく分数(＝有理数)で，そうであるならば，この方程式は(＊)の形にならないのではないかと疑問を持たれる方もいるかもしれないからである．

しかし，③の両辺を 15(＝3 と 5 の最小公倍数)倍すると，

$$6x+5=0$$

となり，これは確かに(＊)の形になっている．

これまた余計な話になるが，今どきの「大学受験生」の中には，「そんなことを勝手にしてもいいのですか？」と質問する人もある．私は「もちろんいいに決まっている．天秤が釣り合っているとき，左右の皿の重さを 2 倍したって，3 倍したって，いや $\frac{2}{3}$ 倍したって，その天秤はやっぱり釣り合っているだろう」と答える．

要するに，等式の世界では，

(Ⅰ) $A=B$ ならば，$A+C=B+C$

(Ⅱ) $A=B$ ならば，$A-C=B-C$

(Ⅲ) $A=B$ ならば，$A\times C=B\times C$

(Ⅳ) $A=B$, $C\neq 0$ ならば，$A\div C=B\div C$

が成り立つということである．

すでに，2000年以上も前のユークリッドの『原論（ストイケイア）』にも，万人の共通了解事項としての「共通概念（昔はこれを〈公理〉と言った）」の項で，

（Ⅰ）等しいものに等しいものが加えられれば，全体は等しい

（Ⅱ）等しいものから等しいものが引かれれば，残りは等しい

（Ⅲ）同じものの2倍は互いに等しい

（Ⅳ）同じものの半分は互いに等しい

といったことが確認してある．

ここで大切なことは，「何が仮定あるいは前提条件なのか」そして「何が結論なのか」，この両方をきちんと押さえておくことで，「とにかく，式は2倍しても，3倍してもいい」といったことだけを暗記していると，たとえば，

$$\frac{1}{3}x^2-\frac{2}{3}x-1 \text{ を因数分解せよ}$$

といった問題を

$$\begin{aligned}\frac{1}{3}x^2-\frac{2}{3}x-1&=x^2-2x-3\\&=(x-3)(x+1)\end{aligned}$$

のようにやってしまうのだ．

実際，私はこのような式変形をする理系志望の受験生にこれまで何度もお目にかかってきた．等式世界の「意味の流通場」が理解されていない結果と言うほかはない．正しくは

$$\begin{aligned}\frac{1}{3}x^2-\frac{2}{3}x-1&=\frac{1}{3}(x^2-2x-3)\\&=\frac{1}{3}(x-3)(x+1)\end{aligned}$$

のようになる．

これは「嘘のような本当の話」で，巷では「いまどきの高校生や大学生」の数学力の低下が物議を醸しているが，現実には，その「低下」はこういうところに現れている．

この例などはまだいい方であるが，私が予備校で教え始めた'80 年代のはじめにはこんな式変形をする受験生には，「残念ながら」お目にかかったことがなかった．このような珍奇な受験生にしばしば「遭遇」し始めるのは，私の場合 1995 年以降である．私は，こうした現状を単に「数学力の低下」などという言葉で片付けていいものかどうか，正直，躊躇いを感じる．

問題の根っこはもっと深く，彼等の中で「日本語」そのものが，崩壊の危機に瀕しているのではないかと思われる．

話が脱線した．要するに，「負の数」の誕生では「足し算の逆演算(＝引き算)」が，$\dfrac{[\text{整数}]}{[\text{整数}]}$の形の「有理数」の誕生では「掛け算の逆演算(＝割り算)」が重要な役目を演じ，これらが，

$$ax+b=0 \ (a,\ b\ \text{は整数})$$

という形の方程式をきっかけにして生まれてきていた，ということを述べたかったのである．

つまり，この方程式の答(これを「解」という)を，「負の数」や「有理数」の世界ですべて見つけることができるのである．いや，敢えて言えば，この方程式の解が「存在」するように，私たちは新たな「数の世界」を創出したのである．

ちなみに，この方程式は「未知数の 1 乗 $(=x^1=x)$」だけを含んでいるので「“1”次方程式」と呼ばれるが，方程式(＊)をこのように命名し認識すれば，当然の如く「“2”次方程式」や「“3”次方程式」さらには一般の「“n”次方程式」まで考えてみたいのは人情であり，この「n」を，a^n の「指数」を拡張したように「負の整数」や

「有理数」まで拡張すればそこに広大な方程式の世界が広がることが予感される．

さらにまた，(＊)では，未知数の個数は「x」のただ「“1”個」であったが，この未知数の個数を2個，3個，4個，……とどんどん増やしていき，これが一般に「“m”個」になるとどうなるか，という問題も浮かび上がってくる．そして，この自然数“m”も，「負の数」や「有理数」まで拡張できるのか，あるいはそんなことが可能な「意味の流通場」が存在するのか，といった荒唐無稽な疑問も沸いてくる．

なぜなら，「a^{-1}」が意味をもつ数学言語の流通場が存在したのだから，そんな意味の流通場が存在しないとも限らない．

それはそれとして，これからもっとも簡単な2次方程式；

$$x \times x = 2 \ (\Longleftrightarrow x^2 = 2) \qquad \cdots\cdots\cdots\cdots ④$$

の「**解**」が「**有理数の世界に在るのか？**」ということを考えてみたい．

この方程式は，たとえば右の図のような AB＝AC＝1 の直角二等辺三角形において，辺 BC の長さを求めようとするときに登場する．

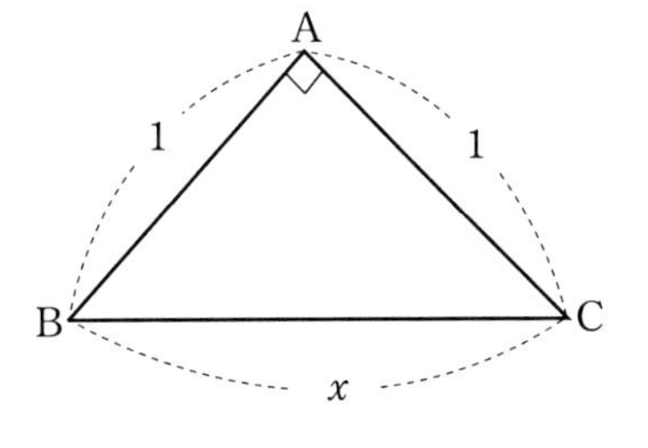

ご存知のように，直角三角形に対しては

$$AB^2 + AC^2 = BC^2$$

という「三平方の定理(＝ピュタゴラスの定理)」が成り立つので，いま BC の長さを x (>0) とすると，

$$1^2 + 1^2 = x^2 \qquad \therefore\ x^2 = 2 \qquad \cdots\cdots\cdots\cdots ⑤$$

のようになり，2次方程式④が得られるというわけである．

いま問題にしているのは，この x が$\dfrac{[\text{整数}]}{[\text{整数}]}$の形で書けるか，ということだ．別の言い方をすれば，

(辺 AB を m 等分した線分の長さ)

　　　　　　＝(辺 BC を n 等分した線分の長さ)

を満たす正の整数 m, n が存在するか，という問題である．すなわち，辺 AB の長さと辺 BC の長さは，共に同じ単位の長さの整数倍になっているのか，ということだ．もし，このような正の整数 m, n が存在するならば，$\dfrac{\mathrm{AB}}{m}=\dfrac{\mathrm{BC}}{n}$ が成り立つので，

$$\frac{1}{m}=\frac{x}{n} \qquad \therefore\ x=\frac{n}{m}$$

となり，x は確かに$\dfrac{[\text{整数}]}{[\text{整数}]}$の形になるのだ．

ところが，結論を先に述べるならば，このような正の整数 m, n は存在しないのである．

実際，もしこのような m, n が存在し，$\dfrac{n}{m}$ がもうこれ以上は約分できない分数(＝既約分数)とすると，これを⑤に代入して変形してみると，

$$\left(\frac{n}{m}\right)^2=2 \Longleftrightarrow \frac{n^2}{m^2}=2 \qquad \therefore\ n^2=2m^2 \qquad \cdots\cdots⑥$$

となる．これは，n^2 が偶数であることを示しているので，n 自身も偶数でなければならない(n が奇数とすると，n^2 も奇数になってしまう)．そこで，

$$n=2k\ (k\text{ は正の整数})$$

とおき，これを⑥に代入すると，

$$(2k)^2=2m^2 \Longleftrightarrow 4k^2=2m^2$$

$$\therefore\ m^2=2k^2$$

となり，この式から⑥と同様にして，m 自身が偶数であることが分る．すなわち，m も

$$m = 2l \ (l \text{ は正の整数})$$

とおける．すると，

$$\frac{n}{m} = \frac{2k}{2l} = \frac{k}{l}$$

のようになって，これは $\frac{n}{m}$ が既約分数であったことに矛盾するのである．

これはよく知られた証明であるが，要するに，辺 AB の長さと辺 BC の長さが共に同じ単位の長さの整数倍になっているとすると，私たちの「論理的な推論」に破綻が訪れる，ということである．

このような，論証の仕方を「**背理法**（reductive absurdum）」とか「**帰謬法**（きびゅうほう）」という．そして，私たちは，この $\frac{[\text{整数}]}{[\text{整数}]}$ の形で表せない数 x (>0) に，

$$x = \sqrt{2}$$

のような，新しい表現を与え，これを「**無理数**」と命名するのである．

しかしながら，考えてみれば辺 AB の長さと辺 BC の長さが共通の単位線分の長さで測り得ないというのは，まことに不思議なことではあるまいか．

大学入試では，$x^2 = 2$ $(x > 0)$ なる数，すなわち $x = \sqrt{2}$ が「無理数」であることを証明せよ，といった問題が出されたりするが，私にとってはこの証明よりも，「無理数が存在する」という，その「存在自体」の方が驚異(＝タウマゼイン)である．

アリストテレスは『形而上学』第1巻，第2章で次のように

語っている．

> すべての人は最初，物事が現にこのようにあることに驚き訝ることから探求を始める．たとえば，操り人形がひとりで動くこととか，あるいは太陽の「至」(夏至・冬至) について，あるいは正方形の対角線が辺と同じ単位で測り得ないことについて，といったように．
>
> 事実，最小の単位によって測り得ないようなものがあるということは，まだその原因を見極めていない者なら誰にも，驚くべきことであるように思えるからである．

さらに，アリストテレスは「すでに幾何学的認識を獲得し所有している者」すなわち，「x」が「無理数」であることをきちんと論証した者にとっては，「もしも対角線が辺で測り得る (＝通約的，共測的) ということになりでもしたら，それこそかえって逆に最も驚異すべきことであろう」と述べている．

アリストテレスの指摘は尤もであるが，私などは，背理法による x の無理性の証明を知っているにも拘わらず，「最小の単位によって測りえないものがある」ということに，いまなお驚いている有様である．

小学１年生の子供が，

$$5+x=3$$

を満たす「数 x は存在しない」，と答えたように，

$$x^2=2 \quad (x>0)$$

を満たす「数 x は存在しない」，と答えてもよかったのではないのか．

だが，「$x^2=2 \quad (x>0)$」の「x」の場合は，「線分 BC というひとつの紛れもない実体が私たちの前に在る」ように感じられるのだ．

こういってよければ，その線分BCに私たちは触れることもできる．それが「実体」の「実体」たる所以である．

その意味では「$\sqrt{2}$」の存在の仕方と「-2」の存在の仕方とは，どこかが決定的に異なる，ととりあえずは考えておくのもよいかもしれない．

暴論かもしれないが，小学1年生の子供にとっては，「線分BC（すなわち $\sqrt{2}$）」には触れることができるように感じられるが，「-2」には直接触れる「場」は今だ「存在していない」のである．

ともあれ，私たちは

$$ax+b=0\ (a \neq 0,\ a,\ b \text{ は整数})$$

という1次方程式を契機に，

有理数の世界（負の数を含む）

を知り，さらに

$$ax^2+bx+c=0\ (a \neq 0,\ a,\ b,\ c \text{ は整数})$$

という2次方程式を契機として，

無理数の世界

に躍り出たのである．

そして，有理数の世界（これを数学では「$\mathbb{Q}$」と書く）と無理数の世界を併せて私たちはこれを

実数の世界（＝［有理数の世界］∪［無理数の世界］）

と名付ける．この実数の世界を普通「$\mathbb{R}$」と書くが，「実数」とは英語の「real number」の翻訳語である．

2-4　実数世界の特徴付け

実数の世界（$=\mathbb{R}$）には次のようないくつかの特徴がある．

---

① a, b を任意の実数とすると，「$a+b$, $a-b$, $a\times b$, $a\div b$」はすべて再び実数になる．（四則演算が自由に出来る）

② a, b を任意の実数とすると，「$a=b$, $a<b$, $a>b$」のいずれか1つの関係が必ず成り立つ．（大小関係が定められる）

③ 連続である．（制限完備性を満たしている）

---

①は，実数どうしを加えても，引いても，掛けても，割っても，やはり実数になると主張しているだけである．この性質は有理数の世界（$=\mathbb{Q}$）でも成り立つ．しかし，整数の世界（$=\mathbb{Z}$）では成り立たない．実際，2を3で割ると $\dfrac{2}{3}$ となり，これはもはや整数ではないのだ．ちなみに，①のような性質を持つ実数や有理数の世界を「体（= Field）」といい，整数のような世界を「環（Ring）」という．

②も，直感的には明らかであろう．2つの実数の間には大小関係を定めることができる，と述べているに過ぎない．ただし，数学者の中にはこの「当たり前」と思われることを認めない一派も存在することをここで指摘しておこう．L.E.J. ブローエル（1881～1966）を総帥とする「直観主義（あるいは構成主義）」を奉ずる人たちであるが，これについては第6章の「π」に関連して触れてみたい．

③は難しい．「連続」と一言あり，おまけに「制限完備性」などと余計なことも書いてある．要するにこれは「隙間なくベタで繋がっている」というイメージなのだが，しかしそれをもう少し正確に言語化するとどうなるのか．それを数学者は，たとえば「制限完備性を満たす」と言ったりするのだ．

こうした言葉は，数学を専門にやったことのない人にとってはほとんど「異星語」に違いないが，「制限完備性」とは「実数の連続性」のひとつの表現で，

上に有界な空（くう）でない実数の集合は上限をもつ

という意味である．

空っぽでない実数の集合 A が「上に有界」であるとは，ひと言で言えば「集合 A には天井がある」ということで，集合 A の要素がすべて，ある実数 M 以下であるということに他ならない．つまり，

任意の x $(\in \mathrm{A})$ に対して，$x \leqq M$

ということで，このとき M を A の「上界」という．M が A の上界であれば，$M+0.1$ も $M+1$ も，ということは M 以上の実数であればすべて A の上界である．

そこで，私たちが注目するのは「最小上界」であり，これを集合 A の「上限(supremum, least upper bound)」といい，sup A と書く．すなわち，$a=\sup \mathrm{A}$ とは

（i）$x \in \mathrm{A}$ ならば $x \leqq a$（a が A の上界）
（ii）$a'<a$ ならば a' は A の上界ではない（a の最小性）

という2つの条件を満足することなのである．

同様にして「下に有界」「下界」「下限」といった言葉も定義されるが，こうした言葉によって実数の世界 $\mathbb{R}$ と有理数の世界 $\mathbb{Q}$ とは截然と区別される．

すなわち，$\mathbb{Q}$ においては「上に有界であっても上限が存在するとは限らない」が，$\mathbb{R}$ の場合は「必ず上限が存在する」のである．あるいは，「上限の存在」をもって $\mathbb{R}$ の特徴付けの一つとするのである．これは，こういうことだ．いま，

$$A = \{x | x^2 < 2\}$$

としてみよう．このとき，

$$x \in A \text{ ならば，} x \leqq 1.42 \ (1.42 \text{ は有理数})$$

$$x \in A \text{ ならば，} x \leqq \sqrt{2} \ (\sqrt{2} \text{ は無理数})$$

が成り立つので，集合 A は $\mathbb{Q}$ においても，$\mathbb{R}$ においても「上に有界」である．そして，実数の世界 $\mathbb{R}$ においては，A は区間

$$-\sqrt{2} < x < \sqrt{2}$$

であるから，集合 A の上限(＝最小上界)が存在する．つまり，

$$\sup A = \sqrt{2}$$

となる．では，有理数 $\mathbb{Q}$ の世界では，最小上界が存在するのか？ 言うまでもなく，1.415 も 1.4143 も集合 A の上界であり，直感的には $\sqrt{2}$ にいかほどでも近い有理数が存在するので，「有理数 $\mathbb{Q}$ の世界では最小上界は存在しない」のである．

以上，①～③が実数世界を特徴付ける性質であるが，要するに実数とは「制限完備(③)な順序体(②，①)」と言い得るのだ．

「制限完備」だの「有界，上界，上限」だのといった言葉が登場し，さらに混乱した人もいるだろう．だから「数学は嫌いなのだ」とあらためて感じた人もいるかもしれない．

しかし，それにも拘わらず「連続性」自体には尽きぬ興味と好奇心を持つ人も多いだろう．いったい，

「連続性」とは何なのか？

確かに「連続性」という概念あるいは観念は，何か数学を逸脱した側面を持っているように思われる．敢えて言えば，それは単なる「知」を超えた，人間の全存在に深く根差す不可知な「神秘的観念」でさえある．なればこそ逆に，この「怪物の如き観念」を数学者はどのように捻じ伏せ，規定してみせるのか，ということに私たちも関心を寄せるのだ．

プラグマティズム哲学の創始者として名高いチャールズ・サンダーズ・パース（1839～1914）は，「あらゆる概念の中で，連続性の概念ほど哲学が取り扱いに困難を覚える概念はない」と述べているが，『連続性の哲学』の中で彼はこんなふうに語っている．

> なお，ついでに言えば，人間精神がすべての事象を，難解でほとんど理解不可能とも言うべき連続性の形式のもとで考えるというこの驚くべき性向は，われわれの一人一人がその真の本性において連続性をもつという想定のもとでのみ説明可能である．

確かに，私たちがあらゆる事象を，「連続性の形式」のもとで考えようとすることは驚くべきことであり，それは人間精神の最も根源的な本性の一つに相違ないだろう．

「実数の連続性」を「制限完備」によって基礎付けたのはあの集合論の創始者**カントール**（1845～1918）であるが，ほかにも**ワイエルシュトラス**（1815～1897），**デデキント**（1831～1916）などがこの仕事に寄与している．

とくに，ドイツの数学者デデキントが1872年に『連続性と無理数（Stetigkeit und irrationale Zahlen）』で発表した「切断（Schnitt）の理論」は有名で，彼は「切断」によって「実数」を捉えようとした．そのアウトラインを簡単に説明すると次のようになる．

まず，有理数全体からなる数直線（実はこの直線は「隙間だらけ」なのだが）を考え，これを下図のように＊を境にして左右2つの組 A，B に分割する．

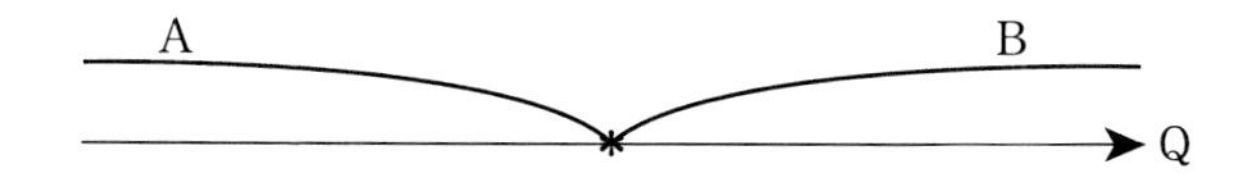

数学的にうるさいことを言えば，この A，B は次の2条件を満

たす．すなわち，

（ｉ）$A \subset \mathbb{Q}$, $B \subset \mathbb{Q}$ で，A も B も空ではない．すなわち，A も B も少なくとも 1 つの有理数を含む．

（ii）A の任意の数 a と B の任意の数 b に対して，$a < b$ が成り立つ．

ということだ．この「組み分け」を「切断」と名付け，いまそれを記号 (A, B) で表すことにする．このとき，この「切断」には次の 3 つの場合が起こるだろう．

（Ⅰ）A に最大数があり，B に最小数がない．

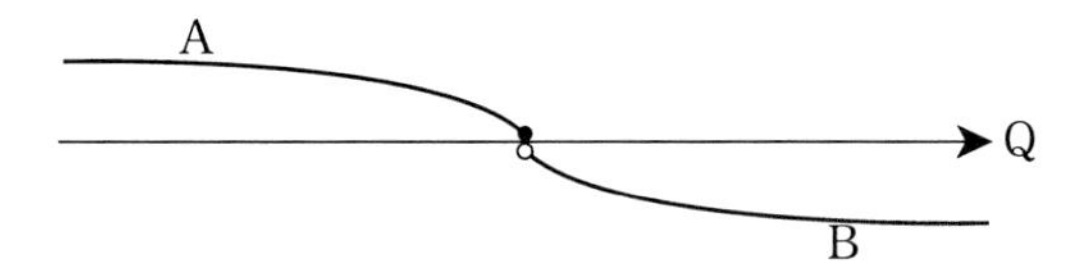

（Ⅱ）A に最大数がなく，B に最小数がある．

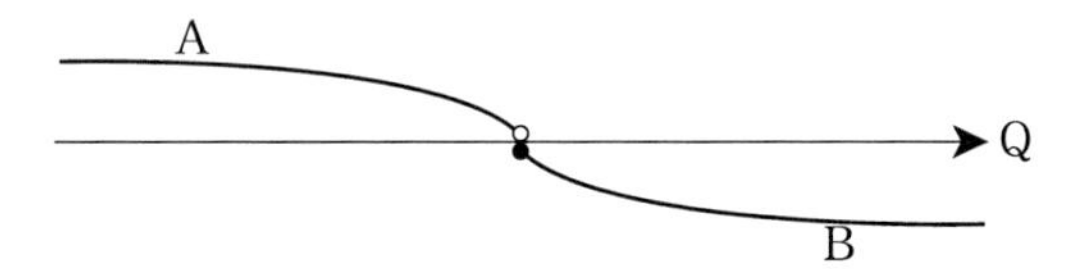

（Ⅲ）A に最大数がなく，B に最小数がない．

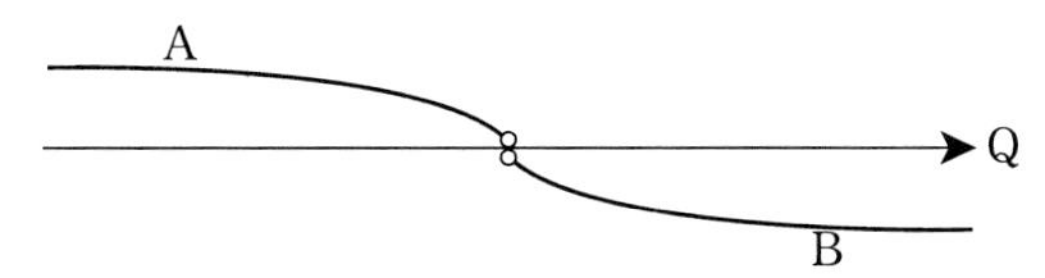

ここで，注意しなければならないことがある．それは，

「A に最大数があり，B に最小数がある」

という「切断」は起きない，ということだ．なぜなら，

$a =$ (A の最大数)，$b =$ (B の最小数)

とすると，条件(ii)により，$a<b$ で，このときたとえば有理数 $\dfrac{a+b}{2}$ や $\dfrac{2a+b}{3}$ などを考えると，

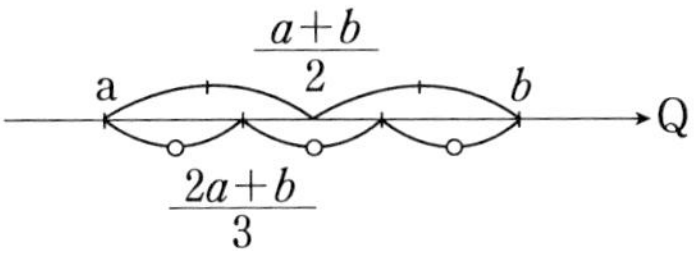

$$a<\frac{2a+b}{3}<\frac{a+b}{2}<b$$

となって，a と b の間には無数の有理数が存在するのだ．それゆえこのような $\mathbb{Q}$ の組み分けは考えられないのである．

このような3タイプの「切断」を考えた上でデデキントは，

(Ⅰ)のタイプの切断(A, B)に有理数 a

(Ⅱ)のタイプの切断(A, B)に有理数 b

を対応させてこの2つの切断は有理数を定める，と述べる．そして，(Ⅲ)のタイプの切断(A, B)こそが，実は

無理数を創造する

としたのである．

実際デデキントは『連続性と無理数(Stetigkeit und irrationale Zahlen)』(これは河野伊三郎訳で『数について』というタイトルで岩波文庫に収められており，高校生でも十分に読める)の中で次のように書いている．

> あらゆる切断が有理数によって引き起こされたのではないという性質にこそ，あらゆる有理数の領域に足りないところがあること，すなわち不連続性が存しているのである．
>
> さて，一つの切断(A, B)が存在して，それが有理数によって引き起こされたものでないとすると，その度毎に我々は一つの新たな数，一つの「無理数」を創造し，我々はこれをこの切断(A, B)によって，余すところなく定義されると見做すのである．この数は切断に対応するとか，この数がこの切断を引き起こすと言うことにする．

私たちは，2つの整数 m, n を用いて，有理数「$\frac{m}{n}$」$(n \neq 0)$ を造形したが，デデキントは有理数全体 $\mathbb{Q}$ を分割する2つの組 A, B が無理数を創造すると述べているのだ．考えてみれば，ここに見られるのは，

$$\text{整数の順序対} \Longleftrightarrow \text{有理数}$$

$$\text{切断}(\mathrm{A}, \mathrm{B}) \Longleftrightarrow \text{無理数}$$

という対応であり，この2つの思考パターンは極めてよく似ているというべきであろう．

これまでの話を総括する意味で，ここでもう一度，私たちはどのようにして自然数（正の整数）の世界（$\mathbb{N}$）から，整数の世界（$\mathbb{Z}$），有理数の世界（$\mathbb{Q}$），実数の世界（$\mathbb{R}$）に至りついたかを確認するために，その拡張プロセスを図式化してみよう．

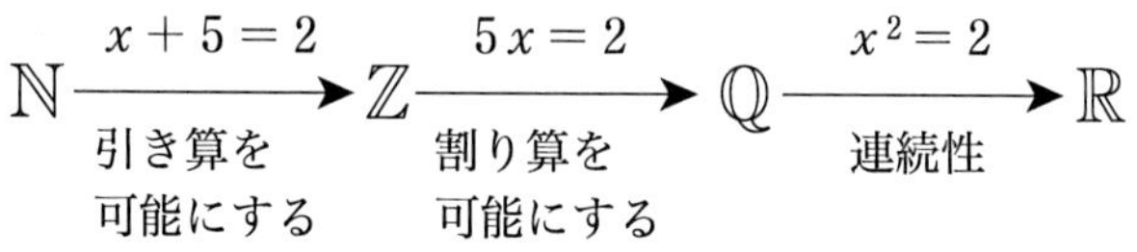

$$\mathbb{N} \xrightarrow[\text{引き算を可能にする}]{x+5=2} \mathbb{Z} \xrightarrow[\text{割り算を可能にする}]{5x=2} \mathbb{Q} \xrightarrow[\text{連続性}]{x^2=2} \mathbb{R}$$

さらにまた，それぞれの世界の特徴を，四則演算，方程式の解の存在，さらに直感的なイメージを比較したものを一覧表にして以下に示しておこう．

	四則計算				方程式			イメージ
	＋	−	×	÷	$x+5=2$	$5x=2$	$x^2=2$	
$\mathbb{N}$	○	×	○	×	×	×	×	1 2 3
$\mathbb{Z}$	○	○	○	×	-3	×	×	−1 0 1 2 3
$\mathbb{Q}$	○	○	○	○	-3	$\frac{2}{5}$	×	隙間だらけ
$\mathbb{R}$	○	○	○	○	-3	$\frac{2}{5}$	$\pm\sqrt{2}$	連続

さて，ここで最後にもう一つの疑問を提示しておこう．それは，

$$x^2=-1$$

を満たす x が実数の世界の存在するか，という問いである．もちろん，高校生であればすぐに「i」なる数を思い浮かべだろう．しかし，ここでもう一度

$$5+x=3$$

という x は？ と訊かれて，「答はない」と考えていた小学1年生の頃のあなた自身を思い出してほしい．「負の数」の「存在」を考えることの難しさを想起してほしい．

なぜなら，「i」も同様にその「存在」を考えることが困難なものであり，その「困難」こそが「i」と真剣に対峙する大きなキッカケになるからだ．

この「i」については，第8章で詳しく論じる．

第3章
再び指数の拡張

3-1 再び指数の拡張──有理数の世界へ

私たちの「数の世界」は，1，2，3，……という自然数（＝正の整数）から始まり，

0や負の整数の世界→有理数の世界→実数の世界

へと拡がっていった．

こうしたさらなる広い世界を「指数」に適用できないのであろうか．これが，これから考えてみたい私たちのテーマである．つまり，「$2^{\frac{1}{2}}$」や「$2^{\sqrt{2}}$」といったものを考えてみようというわけである．

すでに，「2^0」や「2^{-1}」の導入で述べたように，「$2^{\frac{1}{2}}$」や「$2^{\sqrt{2}}$」といったものを，それ自身単独で一体これが何を表すのかを考えても埒が明かない．

2を $\dfrac{1}{2}$ 乗すれば何になるか？

2を $\sqrt{2}$ 乗すれば何になるか？

こうした問いが意味を持つには，それなりの「意味の流通場」が必要なのである．

指数を0や負の数に拡張したとき，その意味の流通場をその根底で支えていたのは

① $a^m \times a^n = a^{m+n}$

② $a^m \div a^n = a^{m-n}$ （m, n は正の整数）

という「指数法則」であった．私たちはこの指数法則を最優先させ，この計算規則が成り立つように，指数の世界を「0や負の整数」に拡張した．これは大事なことである．

ふつう数学の教科書などでは，

$$a^0 = 1, \quad a^{-n} = \frac{1}{a^n} \quad (n = 1, 2, 3, \cdots) \qquad \cdots\cdots\cdots(*)$$

のように定めると，たとえば上の「指数法則②」が成り立つ，と

いう書き方がしてある．しかし，これは逆であって，指数法則が成り立つように，私たちは(∗)のように定めたのである．私たちの関心はもはや，

$$a^n = \underbrace{a \times a \times \cdots\cdots \times a}_{n\text{個}}$$

という，素朴な記法そのものから，この記法を用いた「計算法則」へ移行したのである．すなわち，少し大袈裟な言い方をすれば私たちの関心は素朴な「実体」から「関係（あるいは関数）」へ移ったのである．

では，指数の世界を$\dfrac{[\text{整数}]}{[\text{整数}]}$の形である「有理数」に拡張するとき主役になる計算規則(＝関係)とは何か．それは

$$③\quad (a^m)^n = a^{mn}$$

という計算ルールである．これは

$$a^m = \underbrace{a \times a \times \cdots\cdots \times a}_{m\text{個}}$$

を，n回掛けると，

$$(a^m)^n = \underbrace{a^m \times a^m \times \cdots\cdots \times a^m}_{n\text{個}}$$
$$= \underbrace{\underbrace{(a \times a \times \cdots \times a)}_{m\text{個}} \times \underbrace{(a \times a \times \cdots \times a)}_{m\text{個}} \times \cdots\cdots \times \underbrace{(a \times a \times \cdots \times a)}_{m\text{個}}}_{n\text{個}}$$

のようになるので，結局，$(a^m)^n$は

数aを$m \times n = mn$回掛けたもの$(= a^{mn})$

に一致するという式である．もちろん，③は①の式より自ずから導ける等式である．

さてここで，次のような例；

$$x^2 = 2$$

を考えてみよう．ここで，「xは正の数」ということにしておく．

この式の両辺をいま「$\dfrac{1}{2}$」乗して形式的に指数法則③を適用してみよう．すると

$$(x^2)^{\frac{1}{2}}=2^{\frac{1}{2}} \Longleftrightarrow x^{2\frac{1}{2}}=2^{\frac{1}{2}} \quad \therefore\ x=2^{\frac{1}{2}}$$

のようになる．つまり，「$2^{\frac{1}{2}}$」は「2 乗すると 2 になる正の数」という意味付けが可能だと納得できる．すなわち，

$$2^{\frac{1}{2}}=\sqrt{2}$$

というわけである．

いやこれだけではない．いま，x を正の数とすると，

「$x^3=2$」の両辺を $\dfrac{1}{3}$ 乗すると，$x=2^{\frac{1}{3}}$

「$x^4=2$」の両辺を $\dfrac{1}{4}$ 乗すると，$x=2^{\frac{1}{4}}$

「$x^5=2$」の両辺を $\dfrac{1}{5}$ 乗すると，$x=2^{\frac{1}{5}}$

となり，こうした流れのなかで考えていけば，

$2^{\frac{1}{3}}$ (＝3 乗すると，2 になる正の数)

$2^{\frac{1}{4}}$ (＝4 乗すると，2 になる正の数)

$2^{\frac{1}{5}}$ (＝5 乗すると，2 になる正の数)

のように理解することができる．そして，数学屋はこれらの数をそれぞれ，$\sqrt{2}$ $(=\sqrt[2]{2})$ に倣って

$\sqrt[3]{2}$ $\left(=2^{\frac{1}{3}}\right)$ (2 の 3 乗根)

$\sqrt[4]{2}$ $\left(=2^{\frac{1}{4}}\right)$ (2 の 4 乗根)

$\sqrt[5]{2}$ $\left(=2^{\frac{1}{5}}\right)$ (2 の 5 乗根)

のように書いたりもするのだ．

いや，いや，これだけではない．一般に

$$x^m=2 \quad (m=1,2,3,\cdots)$$

に対して，これを満たす正の数xを

$$2^{\frac{1}{m}}\ (= m\text{ 乗すると，2 になる正の数})$$

のように記すのである．さらにまた，この数をn乗($n=1,2,3,\cdots$)することで，

$$\left(2^{\frac{1}{m}}\right)^n = 2^{\frac{n}{m}}$$

という数を考えることができるのだ．たとえば，

$$2^{\frac{3}{5}}$$

のようなものだ．これは，$2^{\frac{1}{5}}$ (＝5乗して2になる正の数)を3乗した数である．

ここで面白いことが起こる．それは，「$2^{\frac{1}{5}}$を3乗した数」と「2^3の5乗根(2^3を$\dfrac{1}{5}$乗した数)」とが一致するのである．つまり，

$$\left(2^{\frac{1}{5}}\right)^3 = (2^3)^{\frac{1}{5}}$$

となるのである．当たり前のことだと考えずに証明してみよう．

いま，$a=2^{\frac{1}{5}}$とおいてみる．すると，いま考えている数「$2^{\frac{3}{5}}$」は，$2^{\frac{1}{5}}$を3乗したものだから，

$$\left(2^{\frac{1}{5}}\right)^3 = a^3 \qquad \cdots\cdots\cdots\cdots ①$$

ということになる．

一方，a $\left(=2^{\frac{1}{5}}\right)$自身は5乗すると2になる正の数であったから，

$$a^5 = 2$$

が成り立ち，さらにこの式の両辺を3乗すると，

$$(a^5)^3 = 2^3 \Longleftrightarrow a^{15} = 8 \Longleftrightarrow (a^3)^5 = 8$$

となる．すなわち，

$$a^3\text{ を 5 乗すると 8}$$

となるので，

$$a^3 = 8^{\frac{1}{5}} = (2^3)^{\frac{1}{5}} \qquad \cdots\cdots\cdots\cdots②$$

のようになるのだ．すなわち，①，②から

$$(2^{\frac{1}{5}})^3 = (2^3)^{\frac{1}{5}}$$

が成り立つことが分かるのである．

要するに，ここで述べたかったことは，指数が正の整数 m, n のときに，

$$(2^m)^n = (2^n)^m$$

が成り立ったように，

$$(2^{\frac{1}{m}})^n = (2^n)^{\frac{1}{m}} \ (m, n \text{ は正の整数})$$

が成り立つ，ということである．

「当たり前じゃないか，なんて面倒なことを」と感じられた読者もいるだろうが，数学屋という人種は基本的にはこういうところは疎かにしないのだ．

ともあれ，上のように考えていくことで，私たちは指数を有理数の世界にまで拡げていくことができたのである．

3-2 指数の拡張——無理数の世界へ

さて，いよいよ指数の拡張もとりあえず最後の段階に入っていく．それは，

$$2^{\sqrt{2}}$$

のような，指数が「無理数」のような場合を考えていこうというわけである．つまり，指数を実数全体に拡張したいのである．しかし，この場合，さきほどのように，

$$x^m = 2 \quad (m = 1, 2, 3, \cdots)$$

のような方程式を利用することは不可能である．

このように整数係数の方程式を用いて定義された数を「代数的数」と呼ぶが，「$2^{\sqrt{2}}$」はこのように定めることはできない．なぜなら，「$\sqrt{2}$」は$\dfrac{[\text{整数}]}{[\text{整数}]}$（＝有理数）という形では表現できないからである．また，$\sqrt{2}$ を小数展開すると，

1.4142135623730950488016887242096980895696718753569……

のようになり，これは循環小数にもならない．

「$\sqrt{2}$」とはまことに厄介な数なのだ．そこで，私たちはどんな方法をとるか．

たとえば，$\sqrt{2}$ を小数展開したとき，小数第 n 位までとった数を r_n とする．すなわち，

$$r_1 = 1.4 = \frac{14}{10},\ \ r_2 = 1.41 = \frac{141}{100},\ \ r_3 = 1.414 = \frac{1414}{1000},\ \cdots\cdots$$

のように定めていく．そして，それぞれの r_n $(n = 1, 2, 3, \cdots)$ に対して，

$$2^{r_1} = 2^{\frac{14}{10}},\ \ 2^{r_2} = 2^{\frac{141}{100}},\ \ 2^{r_3} = 2^{\frac{1414}{1000}},\ \cdots\cdots$$

という数列（こういう「数」については，すで私たちは何を表しているかは定義している．たとえば，「$2^{\frac{14}{10}}$」は，10 乗して 2 になる正の数「$2^{\frac{1}{10}}$」を 14 乗したものである）を考え，この数列がどんどん近づいていくであろう「数」を私たちは「$2^{\sqrt{2}}$」と定めるのである．

要するに，$\sqrt{2}$ にどんどんと近づいていく有理数の列 $\{r_n\}$ を考え，

数列 $\{2^{r_n}\}$ がどんどん近づくであろう数

をもって，$2^{\sqrt{2}}$ と約束するのである．すなわち，

$$\lim_{n\to\infty} 2^{r_n} = 2^{\sqrt{2}}$$

と定めるのだ．

再び「なんーだ，当たり前じゃないか」と思われた読者もいるであろうが，ここにはいろいろと厄介な怪物がそれとなく忍び込んでいる．それは要するに，「無限や極限，連続」概念の問題なのである．

3-3 有理数の稠密性

厄介な怪物とは，たとえば「$\sqrt{2}$ という無理数にいくらでも近い有理数がそもそも存在するのか」とか，どんな自然数 n に対しても，

$$r_n \neq \sqrt{2}$$

であるにも拘わらず，「$n\to\infty$ のとき r_n と $\sqrt{2}$ とが一致するとしていいのか」とか，こういう問題である．

おそらく，多くの人は直感的に「$\sqrt{2}$ という無理数にいくらでも近い有理数が存在するのは当たり前」，と思われるかもしれない．しかし，近代以降の「ヨーロッパ数学」では「論理的な厳密性」が重視され，それゆえ論理的な一貫性を揺るがせにしない議論が必須のものとして尊重される．もちろん，この背景にはヨーロッパの文化意志に内在する根源的な価値観が関与しているのは言を俟たない．

数学屋の世界では，

2つの実数 a, b $(a<b)$ に対して，

$$a<r<b$$

である有理数 r が必ず存在する．

という命題は，自明ではなく，証明すべき「定理」である．これを証明するには，次のいわゆる「アルキメデスの公理(＝証明を要しない誰もが是認すべき議論の出発点となる要請)」から出発する．

〈アルキメデスの公理〉

任意の正数 a と，任意の正数 M に対して，

$$M<na$$

となる正の整数(自然数) n が存在する．

この公理の「こころ」とは，要するに，「どんなに小さな正数 $a(>0)$ でも，それを何個か集めれば，どんなに大きな正数 $M(>0)$ でも，それを超えることができる」，すなわち「塵も積もれば山となる」ということに他ならない．

この公理をもう少し専門的に述べるならば，

　任意の正数 $a(>0)$ に対して，数列 $\{na\}$ は上に有界ではない

ということになる．「上に有界でない」とは，第2章の2－4でも説明したように「天井知らず」ということで，数列

$$a, 2a, 3a, 4a, 5a, \cdots, na, \cdots$$

は，いくらでも大きくなる，ということだ．

これまたこんなことは，当たり前ではないか，と鬱陶しく感じ

られる読者も多いと思うが，その名前から分るように，これはアルキメデス（前287～前212）が，搾出法（積分法の前段階となる考え方）によって円や放物線などの曲線によって囲まれた図形の面積を計算したとき，

正の整数nがどんどん大きくなれば，$\frac{1}{n}\to 0$となる

ことを確認するために，特に強調して述べたことに由来する．

こういうほとんど自明なことを，自覚的にキチンと述べて確認するところにギリシャ数学の特徴があり，私などはただただ感服するのみである．

さて，ここで「2つの実数a, b $(a<b)$に対して，$a<r<b$である有理数 r が存在する」ことを「証明」してみる．証明自体はさほど難しくはない．

$b-a>0$だから，$b-a$がどんなに小さい正数でも，アルキメデスの公理によって，

$$1<n(b-a)$$

を満たす正の整数n（＝自然数）が存在する．すなわち，

$$\frac{1}{n}<b-a \qquad \cdots\cdots\cdots\cdots①$$

なる正の整数nが存在する．また，数naに対して，

$$m\leqq na<m+1$$

なる整数m（aの正負は不明だから，mは正の整数とは限らない）が存在する．すなわち，

$$\frac{m}{n}\leqq a<\frac{m+1}{n} \qquad \cdots\cdots\cdots\cdots②$$

である．

そこで，いま$r=\frac{m+1}{n}$とおくと，①，②とから

$$a < \frac{m+1}{n} = r = \frac{m}{n} + \frac{1}{n} < a + (b-a) = b$$

$$\therefore\ a < r < b$$

となって，確かに2つの実数 $a, b\,(a<b)$ の間に有理数 $r\left(=\dfrac{m+1}{n}\right)$ が存在することが分った．

この証明で，下線部を施した部分は厳密に言えば証明されなければならないのだが，この本ではよしとしよう．

ともかく，上の議論で分ったことは，任意の異なる2つの実数の間には必ず「有理数」が存在することで，この議論から

$\sqrt{2}$ と $\sqrt{2}+\dfrac{1}{10}$ の間には有理数が存在し，また

$\sqrt{2}$ と $\sqrt{2}+\dfrac{1}{100}$ の間にも有理数が存在し，また

$\sqrt{2}$ と $\sqrt{2}+\dfrac{1}{1000}$ の間にも有理数が存在し，また

といった具合に考えてゆけば，$\sqrt{2}$ にいくらでも近い有理数が存在することが了解できるのである．

任意の異なる2つの実数の間には必ず「有理数」が存在することを数学屋は，有理数の集合 $\mathbb{Q}$ は実数の集合において**稠密**(dense)であるという言い方をする．

また，$a, b\,(a<b)$ をともに有理数とし，考える対象を有理数の集合 $\mathbb{Q}$ だけに限定した場合，a と b の間には無数の有理数が存在(もちろんこれは証明しなければならないことである．この証明に興味のある人は，たとえば高木貞治著『数の概念』(岩波書店)の「定理2.21」を参照されるとよい)する．したがって，有理数の集合 $\mathbb{Q}$ を「自己稠密(ちゅうみつ)集合」という．これに対して，整数の集合 $\mathbb{Z}$ を「孤立集合」という．

「稠密」という概念はなかなか難しい．それは，整数の集合の

ような，単純明快な「離散的世界(とびとびの世界)」でもなく，また実数の集合のように「連続的世界(隙間なくベタで繋がっている世界)」でもない．それは，離散的世界と連続的世界とのちょうど中間形態のような世界である．しかし，このような世界を私たちは一体どのようにイメージすればいいのだろうか．

3-4 $\mathbb{Q}$のイメージ

$\mathbb{Q}$は，至る所に，しかも無数に隙間のある世界だ．しかしその隙間がどこにあるのかを明確にイメージすることは困難である．たとえば，

$$f(x)=\begin{cases}1 & (x\text{が有理数のとき})\\ 0 & (x\text{が無理数のとき})\end{cases} \quad \cdots\cdots\cdots\cdots(*)$$

という「有理数に1，無理数に0を対応させる関数」を考え，$y=f(x)$というグラフをイメージしてみてほしい．これはP.G.L.ディリクレ(1805～1859)が1828年に考え出したもの(ディリクレ自身は，xが有理数のとき$f(x)=0$，無理数のとき$f(x)=1$とした)である．

もし，$y=f(x)$のグラフがイメージできるならば，至る所無数に隙間のある$\mathbb{Q}$の世界が実感できるだろう．私は，学生時代，この関数のグラフをどのようにイメージすればよいのか，幾度も考えてはそれが不可能なことを知り，なぜイメージできないのかを繰り返し自問した．

この関数は，0と1との間を絶え間なく行き来し，至るところで切れ目がある，いわゆる「不連続関数」であり，$y=f(x)$のグラフを「描く」ことは不可能なのだ．

こんなことを考えるのは，数学そのものから逸脱することであ

り，「愚か」の一言であろうが，私はこの問題を通して「言語が正確に認識できることが，なぜ私たちはイメージできないのか？」を繰り返し自問した．「やはりおかしい，何かが変だ」とも思った．

なぜ「言語認識」と「イメージ認識」とが齟齬をきたすのか？ その理由はいったいどこにあるのか？ 私の関心は，いつもこのようなところに向かってしまうが，実は私にとって真の関心事は「数学」そのものではなく，人間の言語を通して行われる「認識行為」そのものなのだ．「数学」は，この問題を考える恰好の素材を提供してくれる．話は飛躍するが，量子力学における光の波動性と粒子性の問題も，根っこの部分では言語認識とイメージ認識との問題に帰着するのではないか．理論物理学を専攻した友人が，いくら勉強しても，光のこの2面性をどうしてもイメージできないと慨嘆していたのを思い出す．

この「ディリクレの0－1関数」が，いかにも人工的で不自然で病理的だと思う人は，次の式を眺めてもらおう．まず，関数 $f_n(x)$ を

$$f_n(x)=\{\cos(2\pi(n!\times x))\}^n \quad (n=1,2,3,\cdots)$$

のように定義しよう．そしてこの関数に対して

$$f(x)=\lim_{n\to\infty}f_n(x) \qquad \cdots\cdots\cdots\cdots\cdots(**)$$

のように定めよう．

このとき，$(**)$ で定められた関数は，実は上の関数 $(*)$ と同じものである．実際，x が有理数 $\dfrac{p}{q}$ ならば $n\to\infty$ のとき，n は必ず q を超えるので，

$$n!\times x=n\times(n-1)\times\cdots\times q\times(q-1)\times\cdots\times 2\times 1\times\frac{p}{q}$$

は整数となり，$2\pi(n!\times x)$ は 2π の整数倍で，$\cos(2\pi(n!\times x))=1$

となる．すなわち

$$f(x)=1$$

また，x が無理数（x は絶対に $\frac{[整数]}{[整数]}$ の形にはならない）ならば，$n!\times x$ は整数にはならないので，$2\pi(n!\times x)$ も π の整数倍にはならない．したがって，

$$|\cos(2\pi(n!\times x))|<1$$

となり，$\lim_{n\to\infty}\{\cos(2\pi(n!\times x))\}^n=0$ ，すなわち

$$f(x)=0$$

となるのだ．

この関数の形を利用して「Mathematica」というソフトで

$$y=f(x)=\lim_{n\to\infty}f(x)$$

のグラフを描かせようとしても不可能である．

いまや万能の道具とも考えられているパソコンといえども，有理数と無理数との間にある隙間を私たちの眼前にはっきりと提示することは不可能なのだ．そこで，せめてものお慰みで $y=f_1(x)$，$y=f_2(x)$，$y=f_3(x)$，$y=f_4(x)$ のグラフを区間 $[0,1]$ の範囲で描いてみよう．以下のようになる．

（ⅰ）$y=f_1(x)$ のグラフ

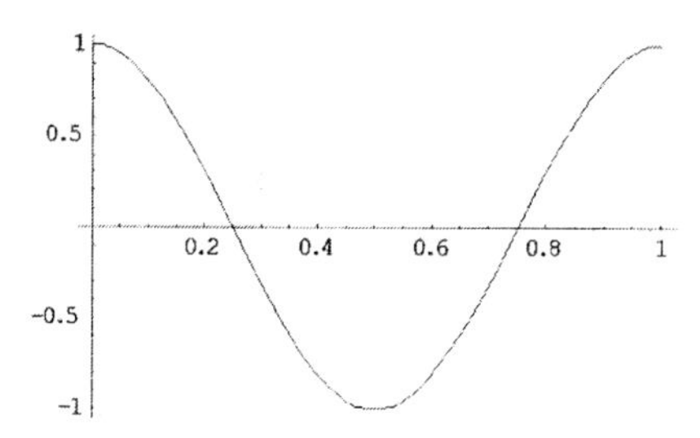

（ⅱ）$y=f_2(x)$ のグラフ

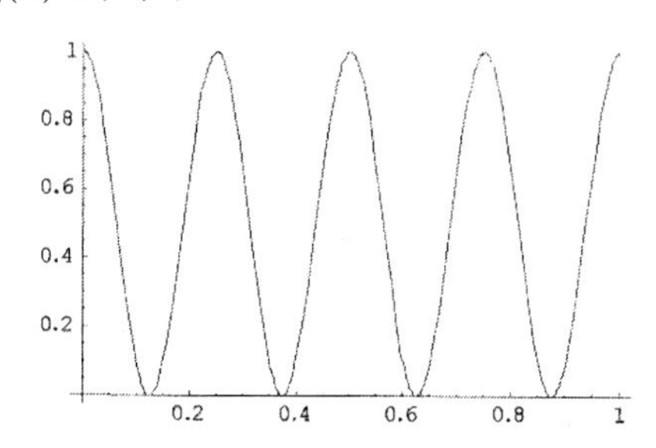

（ⅲ）$y=f_3(x)$ のグラフ

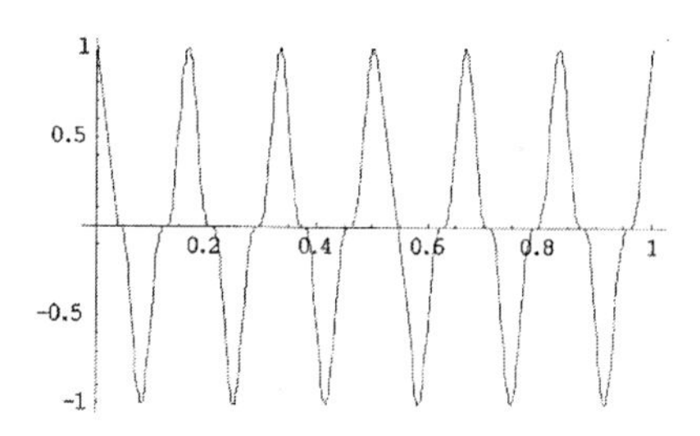

(iv) $y=f_4(x)$ のグラフ

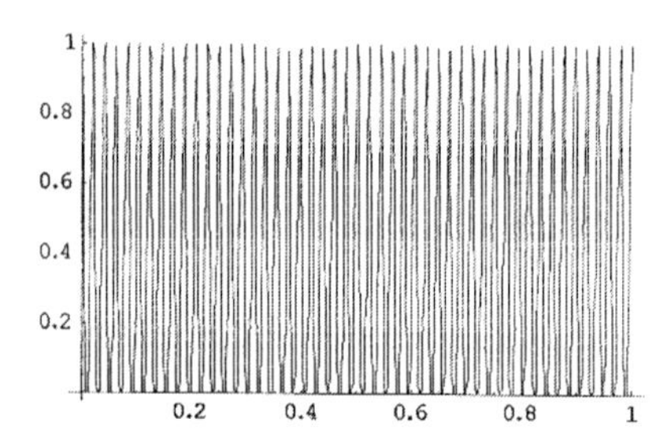

以下同じように，n をどんどん大きくしてグラフを描いていけばどうなるか．$n=100$ としてグラフを描かせると，座標平面にはもやは何も現れない．座標平面にそれらしいグラフが描かれるのはせいぜい $n=18$ までであり，これとて以下の図から分かるように，そのグラフはもはや破綻しているのだ．

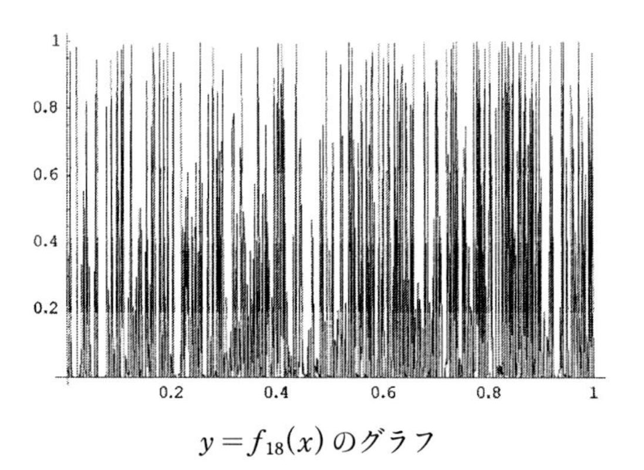

$y=f_{18}(x)$ のグラフ

ともあれ，有理数 $\mathbb{Q}$ の世界をイメージすることはほとんど不可能なのである．

3-5 コッホの雪片曲線

言語認識とイメージ認識とが奇妙な齟齬をきたす例として，昔から大学入試でもしばしば取り上げられる**雪片曲線**（snowflake curve）を紹介してみよう．これは，ヴァン・コッホ（1870～1924）が1904年に発表したものである．

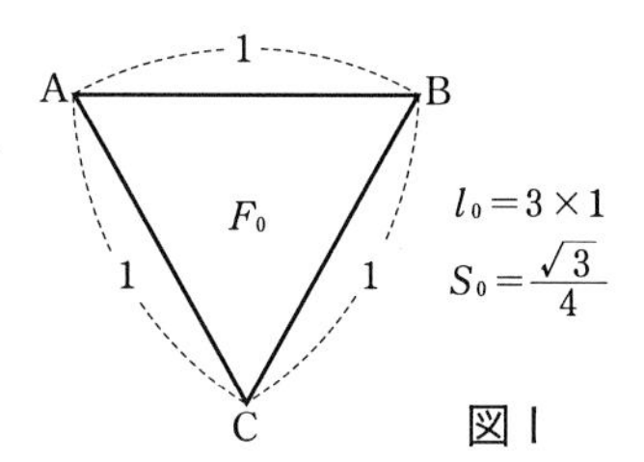

図 I

1辺の長さ1の正三角形 F_0（図 I）を考える．F_0 の3辺をそれぞれ3等分し，各辺の中央の線分を底辺とする正三角形を（図 II）のように付加した多角形を F_1 とする．次に，F_1 のすべての辺をそれぞれ3等分し，各辺の中央の線分を底辺とする正三角形を，（図 III）のように付加した多角形を F_2 とする．以下，同様の操作を繰り返し，n 回目の正三角形の付加によって出来る多角形を F_n とする．

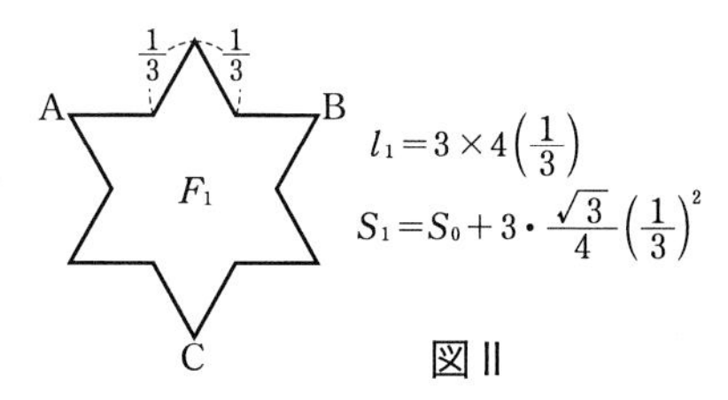

図 II

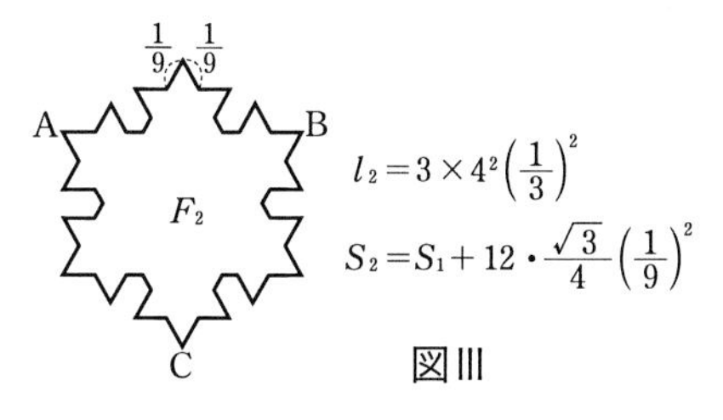

図 III

このとき，上で述べられた操作を無限回繰り返して得られる図形，すなわち $n\to\infty$ として得られる図形を F とすると，この F を囲む曲線が「コッホの雪片曲線」である．

さて，いま多角形 F_n の周の長さを l_n とし，またその面積を S_n として，極限値 $\lim_{n\to\infty} l_n$ と $\lim_{n\to\infty} S_n$ とを計算してみよう．

正三角形の F_0 の1辺ABだけに着目すると，1回の操作で辺の長さは $\frac{1}{3}$ 倍され，辺の個数は4倍になるので，n 回後の操作では

$$\text{一辺の長さは}\left(\frac{1}{3}\right)^n,\ \text{辺の個数は}\ 4^n$$

である．したがって，他の2辺BC, CAを考慮して

$$l_n = 3\times 4^n\left(\frac{1}{3}\right)^n = 3\left(\frac{4}{3}\right)^n$$

$$\therefore\ \lim_{n\to\infty} l_n = +\infty \qquad \cdots\cdots\cdots\cdots\cdots ①$$

のようになる．

また，多角形 F_{n-1} の1辺の長さは $\left(\frac{1}{3}\right)^{n-1}$，辺の個数は $3\times 4^{n-1}$ であるから，n 回目の操作で新しく付加される正三角形の1辺の長さは

$$\frac{1}{3}\times\left(\frac{1}{3}\right)^{n-1} = \left(\frac{1}{3}\right)^n$$

であり，その個数は F_{n-1} の辺の個数（F_{n-1} の各辺の中央に新しい正三角を付加するから）だけある．したがって，n 回目の操作で新しく付加される正三角形の面積の総和を s_n とすると，

$$s_n = (3\times 4^{n-1})\times\frac{1}{2}\left\{\left(\frac{1}{3}\right)^n\right\}^2\sin 60^\circ = \frac{3\sqrt{3}}{16}\left(\frac{4}{9}\right)^n$$

となり，これと F_0 の面積が $\frac{1}{2}\cdot 1^2\cdot\sin 60^\circ = \frac{\sqrt{3}}{4}$ であることとから，

$$S_n = \frac{\sqrt{3}}{4} + s_1 + s_2 + \cdots\cdots + s_n$$

$$= \frac{\sqrt{3}}{4} + \sum_{k=1}^{n} s_k = \frac{\sqrt{3}}{4} + \sum_{k=1}^{n} \frac{3\sqrt{3}}{16}\left(\frac{4}{9}\right)^k$$

$$= \frac{\sqrt{3}}{4} + \frac{3\sqrt{3}}{16}\sum_{k=1}^{n}\left(\frac{4}{9}\right)^k = \frac{\sqrt{3}}{4} + \frac{3\sqrt{3}}{16} \cdot \frac{\frac{4}{9}\left\{1-\left(\frac{4}{9}\right)^n\right\}}{1-\frac{4}{9}}$$

$$= \frac{\sqrt{3}}{4} + \frac{3\sqrt{3}}{20}\left\{1-\left(\frac{4}{9}\right)^n\right\} = \frac{2\sqrt{3}}{5} - \frac{3\sqrt{3}}{20}\left(\frac{4}{9}\right)^n$$

となる．ここで，直感的に明らかなように $\lim_{n\to\infty}\left(\frac{4}{9}\right)^n = 0$ であるから，結局

$$\lim_{n\to\infty} S_n = \frac{2\sqrt{3}}{5} \qquad \cdots\cdots\cdots\cdots\cdots②$$

となるのである．

①，②の結果から分かるように，図形 F の面積は「有限」であるにも拘わらず，周の長さは「無限大」になる．これは，私たちの素朴な常識を覆す事実であり，曲線の長さという概念そのものに反省を迫るものが秘められているようにも思われる．

また，直線 AB を x 軸にとり，線分 AB 上にあるコッホ曲線を xy 平面上の $y=f(x)$ のグラフと考えると，このグラフは至る所にギザギザがあり，$f(x)$ は至る所微分不可能な関数であり，しかも AB 間の間にはどこにも途切れがない連続関数でもある．

とは言え，「至るところ」とは一体どういうことか．私たちは $y=f(x)$ のグラフを漠然と想像はできても，ディィリクレの「0－1 関数」同様に明確なイメージを結ぶことができないのだ．

3-6 カントールの3進集合

第3章の最後に,「連続的」な実数の世界がいかに奇妙な性質を持っているかを実感してもらうために,「カントールの3進集合」と呼ばれているものを紹介してみたい. これは次のようにして構成される集合である.

まず, 閉区間 $I=[0,\ 1]=\{x|0\leqq x\leqq 1\}$ を考え, これを3等分して中央の開区間 $\left(\frac{1}{3},\ \frac{2}{3}\right)$ を除き, 残りを T_1 とする. すなわち,

$$T_1=\left[0,\ \frac{1}{3}\right]\cup\left[\frac{2}{3},\ 1\right]$$

とする.

次に T_1 の2つの閉区間をそれぞれ3等分して, 中央の開区間 $\left(\frac{1}{9},\ \frac{2}{9}\right)$, $\left(\frac{7}{9},\ \frac{8}{9}\right)$ を除き, 残りを T_2 とする. すなわち,

$$T_2=\left[0,\ \frac{1}{9}\right]\cup\left[\frac{2}{9},\ \frac{3}{9}\right]\cup\left[\frac{6}{9},\ \frac{7}{9}\right]\cup\left[\frac{8}{9},\ 1\right]$$

とする.

さらに T_2 の4つの閉区間をそれぞれ3等分して, 中央の開区間 $\left(\frac{1}{27},\ \frac{2}{27}\right)$, $\left(\frac{7}{27},\ \frac{8}{27}\right)$, $\left(\frac{19}{27},\ \frac{20}{27}\right)$, $\left(\frac{25}{27},\ \frac{26}{27}\right)$ を除き, 残りを T_3 とする. すなわち,

$$T_3=\left[0,\ \frac{1}{27}\right]\cup\left[\frac{2}{27},\ \frac{3}{27}\right]\cup\left[\frac{6}{27},\ \frac{7}{27}\right]\cup\left[\frac{8}{27},\ \frac{9}{27}\right]$$
$$\cup\left[\frac{18}{27},\ \frac{19}{27}\right]\cup\left[\frac{20}{27},\ \frac{21}{27}\right]\cup\left[\frac{24}{27},\ \frac{25}{27}\right]\cup\left[\frac{26}{27},\ 1\right]$$

とする.

以下この操作を繰り返し行うと, $T_4, T_5, \cdots T_n, \cdots$ が得られる.

T_n は 2^n 個の閉区間からなり，T_{n+1} は T_n のそれぞれの区間を3等分して中央の開区間を取り除いたものであり，これらの集合の間には

$$I \supset T_1 \supset T_2 \supset T_3 \supset \cdots\cdots \supset T_n \supset T_{n+1} \supset \cdots\cdots$$

という包含関係が成り立っている．このとき，集合 T を

$$T = \bigcap_{n=1}^{\infty} T_n \, (= T_1 \cap T_2 \cap T_3 \cap \cdots\cdots \cap T_n \cap \cdots\cdots)$$

のように定める．すなわち，T は無限個の集合 $T_1, T_2, T_3, \cdots,$ $T_n, \cdots$ の共通部分であり，これを「カントールの3進集合」という．

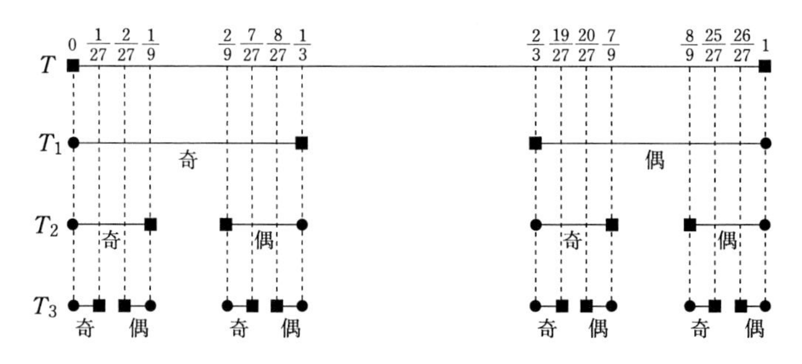

奇：奇区間，偶：偶区間，
■は T_n ($n = 1, 2, \cdots$) で初めて T の要素となる点
集合 T は■などを集めたもの

直感的には，集合 T は互いに孤立した無限個の点がさみしく犇くスカスカ集合のように思われるが，いったいどんな要素から構成されているのだろうか．左の図からも分かるように，T に属する要素としてたとえば，0, $\dfrac{1}{3}$, $\dfrac{2}{3}$, 1 (T_1 の2つの閉区間の両端の点)や $\dfrac{1}{3^2}$, $\dfrac{2}{3^2}$, $\dfrac{7}{3^2}$, $\dfrac{8}{3^2}$ (T_2 の4つの閉区間の両端の点で，

T_1 の 2 つの閉区間の両端の点以外のもの）のようなものがあり，要するにこれらは $T_1, T_2, T_3, \cdots, T_n, \cdots$ を作る各閉区間の両端の点をことごとく拾い集めたものであるが，実は，たとえば $\frac{1}{4}$ のような閉区間 T_n の端点にならない点も T の要素になるのである．

では，T の任意の要素 x は一体どのような形で表すことができるのだろうか．

いま，T_n の 2^n 個の閉区間を左から交互に，奇区間（奇数番目の区間という気持ちが込めてある），偶区間と名前をつけておく（左図を参照のこと）ことにしよう．そして，T の任意の要素 x に対して，無限数列 $(a_1, a_2, a_3, \cdots, a_n, \cdots)$ を次のようにして定めることにする．すなわち，

x が T_n において奇区間に属すとき，$a_n = 0$

x が T_n において偶区間に属すとき，$a_n = 2$

とする．こうして私たちは

$$x \to (a_1, a_2, a_3, a_4, \cdots, a_n, \cdots)$$

のような対応を考えることができる．たとえば，

$$0 \to (0, 0, 0, 0, \cdots, 0, \cdots)$$

$$\frac{1}{3} \to (0, 2, 2, 2, \cdots, 2, \cdots)$$

$$\frac{2}{3^2} \to (0, 2, 0, \cdots, 0, \cdots)$$

$$\frac{25}{3^3} \to (2, 2, 0, 2, \cdots, 2, \cdots)$$

$$1 \to (2, 2, 2, 2, \cdots, 2, \cdots)$$

といったようにである．そしてこの無限数列 $(a_1, a_2, a_3, a_4, \cdots, a_n, \cdots)$ を用いると，実は，

$$x=\sum_{n=1}^{\infty}\frac{a_n}{3^n}=\frac{a_1}{3}+\frac{a_2}{3^2}+\frac{a_3}{3^3}+\cdots+\frac{a_n}{3^n}+\cdots$$

のように「無限級数の和」として捕らえることができる．実際，「無限等比級数の和の公式」などを利用すると

$$\frac{2}{3}+\frac{2}{3^2}+\frac{2}{3^3}+\frac{2}{3^4}+\cdots+\frac{2}{3^n}+\cdots=\frac{\frac{2}{3}}{1-\frac{1}{3}}=1$$

$$\frac{0}{3}+\frac{2}{3^2}+\frac{2}{3^3}+\frac{2}{3^4}+\cdots+\frac{2}{3^n}+\cdots=1-\frac{2}{3}=\frac{1}{3}$$

$$\frac{2}{3}+\frac{2}{3^2}+\frac{0}{3^3}+\frac{2}{3^4}+\cdots+\frac{2}{3^n}+\cdots=1-\frac{2}{3^3}=\frac{25}{3^3}$$

のようになる．ちなみに無限等比級数

$$S=a+ar+ar^2+\cdots+ar^{n-1}+\cdots$$

の和は，$|r|<1$ のとき

$$S=\frac{a}{1-r}$$

となる．これは

$$\begin{aligned}S_n&=a+ar+ar^2+\cdots+ar^{n-1}\\&=\frac{a(1-r^n)}{1-r}\end{aligned}$$

とおくと，$\lim_{n\to\infty}r^n=0$ より

$$S=\lim_{n\to\infty}S_n=\frac{a}{1-r}$$

のように導くことができる．

また，0，2 からなる無限数列 $(a_1,a_2,a_3,\cdots,a_n,\cdots)$ を任意に与えると，この無限数列に対応する T の要素 x が必ず決まる．なぜなら，T_n は 2^n 個の閉区間から成り立ち，一方 0，2 からなる相異なる有限数列 $(a_1,a_2,a_3,\cdots,a_n)$ はちょうど 2^n 個存在するからである．

したがって，いま集合 M を

$$M=\{(a_1, a_2, a_3, \cdots, a_n, \cdots)|a_i=0 \text{ or } 2,\ i=1,2,3,\cdots,n,\cdots\}$$

のように定めると，2つ集合 T と M とは各要素がちょうど1対1に対応する．ざっくばらんに言えば，

(P) T と M との要素の個数は等しい

のである．

さて，ここからが本題である．よく知られているように，集合 M と0以上1以下の実数の集合 I とは1対1に対応する（これについては，拙著『世界を解く数学』（河出書房新社）を参照して頂きたい）．要するに，M の濃度（≒要素の個数）は連続体の濃度である．したがって，いま得た命題(P)を考えると，

T と I の要素の個数は等しい

という結論が得られる．つまり，スカスカと感じられた「カントールの3進集合 T」の濃度は $I=[0,1]$ の濃度，すなわち連続体の濃度と一致したのである．

しかも不思議なことに，$I=[0,1]$ から次々と取り除いた開区間の幅の総和を求めてみると，

$$\frac{1}{3}+\frac{2}{3^2}+\frac{4}{3^3}+\frac{8}{3^4}+\cdots$$

$$=\sum_{n=1}^{\infty}\frac{2^{n-1}}{3^n}=\sum_{n=1}^{\infty}\frac{1}{2}\left(\frac{2}{3}\right)^n=\frac{\frac{1}{3}}{1-\frac{2}{3}}=1$$

なのだ．言葉を変えれば，T の要素を集めて作った区間の幅は0というわけであり，にもかかわらず集合 T の濃度は，集合 I の濃度と一致するのである．

これは，いかにも奇妙奇天烈な結論ではある．しかし，この結論は，連続と無限の具有する不可思議，あるいは人間の言語認識とイメージ認識のギャップの不可解そのもの，というほかは

ないだろう．

ディリクレの「0-1関数」にせよ，コッホの「雪片曲線」にせよ，はたまた，いま見てきたカントールの「3進集合」にせよ，ここにはすべて「無限と連続」の問題が関与している．そしてこの「無限と連続」を把握しようとするとき，私たちは，常識ではどうしても理解することのできない奇妙な感覚的矛盾と混乱に陥る．どうしてなのか？

大学時代，いわゆる「解析学」を勉強していて，私がいつも躓いていたのは，この「無限と連続」が顔を覗かせたときである．こんなものが出てこなければ，「解析学」ははるかに理解しやすいものになっていただろうに，としばしば夢想したものだ．だが「実数」を基礎におく「解析学」は，実はいたるところ「無限と連続」の浸透した世界であり，これらの概念なくしては一歩も先に進めないテリトリーである．なぜなら，「実数」こそ「無限と連続」の原基であるからだ．

「実数」とは何なのか？ 考えれば考えるほど，それは奇妙なものである．われわれ人間自身でさえも把握できない人間精神の外化された雛形のようにも感じられる．

大袈裟であるが，「無限と連続」の雛形である「実数」を受け入れるには何かある種の信仰が必要だとさえ私は感じたものだ．あるいは，ある「超越的な立場」を是認しなければならない，と言い換えてもよい．

クロネッカーは「自然数のみ神が創造し，他の数は人間が作り出した」と述べているが，むしろ「実数」こそは「神」が人間をして造らしめた「神自身」の姿ではないか，と私には感じられる．「実数」というものは，まことに筆舌に尽くし難いほど不可思議なものなのである．

第4章

関数概念と簡単な多項式関数について

4-1　$y = 5x$ って何ですか？

これまで私たちは，数の間に成り立つ四則演算（足し算，引き算，掛け算，割り算）の法則と方程式を手がかりにして，数の拡張とそれに伴う指数の拡張とについて考えてきた．しかし，これから私たちの関心の重心は別のところに移っていく．

たとえば，

$$10 = 5 \times 2 (= 2 + 2 + 2 + 2 + 2)$$

$$15 = 5 \times 3 (= 3 + 3 + 3 + 3 + 3)$$

$$20 = 5 \times 4 (= 4 + 4 + 4 + 4 + 4)$$

という3つの式を眺めてみよう．これらの式から浮かび上がってくるのは，

$$\square = 5 \times \bigcirc (= \bigcirc + \bigcirc + \bigcirc + \bigcirc + \bigcirc)$$

という骨格であり，○をx，□をyという文字で代替させれば，

$$y = 5 \times x \quad (= x + x + x + x + x)$$

という形式である．このとき，xはもはや2や3や4といった固有の値ではなく可変的な値に変化し，またyはそれに応じて定まる値であって，これが具体的にどのような値であるか，ということは問題ではなくなってくる．もちろん，いまはxやyはいろいろな「実数値」ではあるが・・・．

カッシーラは「概念がいわば事物的存在から解放されるに応じて，他方ではそれのもつ固有の関数的能作が浮かび上がってくる」と述べているが，2や3や4を可変項xと書き，10や15や20をyと書くことによって，私たちの関心は「『2』を5倍すると『10』になる」ということから，「『数xを5倍するとyになる』という関係そのもの」の方に移動するのだ．あるいは「関数的能作」への関心である．

これに関連して，何人かの「高校生や浪人生」から私自身が学んだ面白い話を紹介したい．それは「『$y=5x$』っていったい何ですか？」という質問をときどき受けたことに始まる．

私は，その質問の意味がしばらく飲み込めなかったが，彼等の話を聞いてようやく納得した．彼等の疑問は，「x」も「y」も具体的な値が分からないにも拘わらず，「どうして y と $5x$ とが等しいのか？ こんな無意味な式を書いてもいいのか？」というわけである．しかし，こんなことを質問してくる彼等も，

$$x+x+x+x+x=5\times x$$

という等式は，容易に理解する．そこで，私が気付いたのは，

$$y=5x \qquad \cdots\cdots\cdots\cdots ①$$

$$x+x+x+x+x=5\times x \qquad \cdots\cdots\cdots\cdots ②$$

という2つの等式に含まれた「等号 $(=)$」の間には，決定的な違いがある，ということだった．結論を言えば，等号自体の有す「関心の持ち方」の違いである．

等式②の「等号」は，「x を5個加えることは，x を5倍することに他ならない」という意味内容を表している．しかし，等式①の「等号」は，このような意味内容は一切含まれていない．

これは，「x の値に応じて y の値が定まる」という，いわば「関係」を表現した「等号」である．①の等号の関心は「y と $5x$ とが等しくなる」というところにあるのではなく，ずばり言ってしまえば「y が x の関数である」というところにあるのだ．

おそらく，上のような質問をしてきた生徒たちの疑問は，「①の等式に，従来の②の等式の解釈を適用しようとした」ところにある．「等号」が，x や y の値が定まって初めて成立するのだ，という思い込みがある．これは，「2^0」をそれ自身で単独に意味付けしようとして，「2^0 がなぜ1になるのか」という質問と似ていなくも

ない．カッシーラは『実体概念と関数概念』の第２章で次のような鋭い指摘をしている．

> 旧来のやり方では個々の数が「所与の」ものとして，既知のものとして前提され，この知識にもとづいて等しいとか等しくないとかが判定されたのであるが，ここでの手続きは逆である．等式において述べられている〈関係〉のみが既知なのであり，他方，この関係に入り込む〈要素〉は，当初その意義(ベドイトンク)は未規定であって，その等式によってはじめて漸次規定されてゆく．

なるほど，x や y が所与のもの，既知のものとして前提され，この知識に基づいて，$y=5x$ という等式を判定しようとすると，あの生徒たちのように「$y=5x$ っていったい何ですか」という質問になる．「$y=5x$」とは，あくまでも x と y との関係を規定したものだ．

ともあれ，彼等には「関数概念」の観点が欠落していたのである．では,「関数」とはいったい何なのであろうか．

4-2　関数について

「関数」は戦前(第２次世界大戦前)は,「函数」(「函」は「箱」という意味である)と書き，この表記はシナから伝わったもので，英語の「function」の音訳であるといわれている．つまり「関数」とは元来「機能，作用，働き」といった意味をもつ言葉なのである．

これから 4，5，6 章にかけて 1 次関数，2 次関数のような x の多項式で表される

多項式関数(Polynomial Functions)または整関数

2^x のような

指数関数 (Exponential Functions) および

その逆関数である対数関数 (Logarithmic Functions)

それに sin (= sine) や cos (= cosine) が登場する

三角関数 (Trigonometric Functions)

について考えてみたい．しかし，その前に「関数」という概念そのものについてここでもう少し述べておこう．

「関数」という言葉を初めて用いたのは，あの普遍学の祖ライプニッツであるといわれている．彼は，変化する量 x を考え，この変数 x とともに変化する「変数」を「関数」と呼び，それを一般的に表す記号として「$f(x)$」などを用いた．

高校の数学の授業などでたびたび聞かされた「関数 $f(x)$ を○○とすると……」という言い方を思い出した人もいるだろうが，これはライプニッツの記法に由来する．

私たちが「関数」というものに初めて出会うのは，すでに小学生の頃で，たとえば

$$y = kx \qquad \cdots\cdots\cdots\cdots ①$$

$$y = kx^2 \qquad \cdots\cdots\cdots\cdots ②$$

$$y = \frac{k}{x} \qquad \cdots\cdots\cdots\cdots ③$$

のような形の式を通してではなかったかと思う．もちろん当時は「関数概念」そのものに対しては無自覚ではあるが，①や②は

y は x に正比例して，その比例定数は k である

y は x^2 に正比例して，その比例定数は k である

といった捉え方をしたはずだし，③は

y は x に反比例して，その比例定数は k である

といったように教わったはずである．

そして，たとえば①は

「錘の重さ(＝x)」と「ばねの伸び(＝y)」とが比例する

という「フックの法則」を通して，また③は天秤の釣り合いにおける

(左の錘の重さ)×(左の腕の長さ)

＝(右の錘の重さ)×(右の腕の長さ)

という関係を通して，これらの関係式で私たちが直面するさまざま現象を記述できることを学んだ．

また，②は一辺の長さが x (メートル)の正方形の面積が y (平方メートル)とするとき，x と y との関係が

$$y = 1 \times x^2$$

のように書けることを小学校時代に学んだはずだ．これは正方形の面積が1辺の長さ x に応じて定まる，ということだ．

中学生になれば，落体運動における落下距離(＝y)と時間(＝x)との関係が，

$$y = 4.9x^2 \qquad \cdots\cdots\cdots\cdots(*)$$

のように記述されることも教えられたはずだ．そしてこの関係式から

$x = 1$ (秒後)の落下距離は，$y = 4.9 \times 1^2 = 4.9$ (メートル)

$x = 2$ (秒後)の落下距離は，$y = 4.9 \times 2^2 = 19.6$ (メートル)

$x = 3$ (秒後)の落下距離は，$y = 4.9 \times 3^2 = 44.1$ (メートル)

$x = 4$ (秒後)の落下距離は，$y = 4.9 \times 4^2 = 78.4$ (メートル)

$x = 5$ (秒後)の落下距離は，$y = 4.9 \times 5^2 = 122.5$ (メートル)

といったことが分かり，したがって，高さ100メートルの高層ビルの屋上から空気抵抗の無視できる「モノ」を落とせば，この「モノ」は5秒後には確実に地面に届いていることも言明できるのだ．

私たちは，関係式(＊)によって，ほんのささやかな「未来」を「予言」したのである．

高度な科学技術や科学知識が当たり前のように巷に溢れかえっている現代の中高生にとっては，こんなことはどうでもいいこ

と，いまさら言うに及ばないことかもしれないが，式(＊)が,「未来」を「予言」できることは驚異的なことであり，真に驚くべきことであることを自覚すべきであろう．その自覚があれば，式(＊)もまた違ったものに見えてくるだろう．

ともかく，私たちはこうした日常的な経験を通して,「**ある一つの量 y が，別の量 x に依存して定まることがある**」ということを観察する．別の比喩的な捉え方をすれば「量 x を，ある『函（はこ）』に入力すると，別の量 y が出力される」ということで，たとえば，このことを下のような図式で表すこともある．

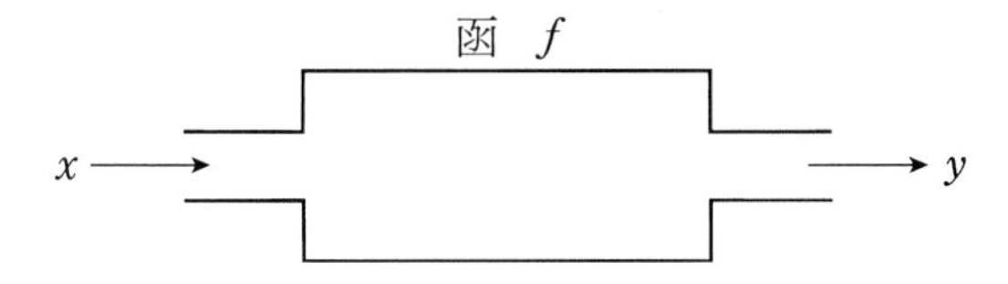

これは，要するに一種の自動販売機のようなものを想像してみればよいわけで，たとえばパチンコ玉の自販機(＝函 f)に200円(＝x)入れれば，銀色のパチンコ玉が50個(＝y)出るということに他ならない．

こうして私たちは徐々に「関数概念」というものを確立していき，たとえば「関数」を次のように定義するのだ．

数の集合 X と数の集合 Y があり，集合 X の要素 x に対して集合 Y の要素 y がある規則 f によって唯1つ定まる (数 x から数 y への一意対応) とき, f を X から Y への関数といい，この関数を $y=f(x)$ と表す．このとき, x を独立変数, y を従属変数という．また, x を a にして得られる値 $f(a)$ を $x=a$ のときの関数の値という．

さてここで，注意しておきたいことがある．それは，はじめに紹介したライプニッツの「関数」の定義と，いま上で述べた関数の定義とが，微妙に違っていることだ．

ライプニッツは「y」を「関数」と述べるが，私たちは y ではなく「f」を「関数」と考えている．「f」は「対応の規則そのもの」であり，「y $(=f(x))$」は x を函に入力したときに，それに応じて得られる結果である．ライプニッツは「結果」を「関数」と述べるが，現代では「結果を与える機能，働き，操作」自体を「関数」と考える．

私たちは「関数 $f(x)$ を……」などと述べるが，この「$f(x)$」を「結果」と捉えるか，それとも「x に応じて結果を与えるプロセス機能」と読むかは確かに微妙で曖昧だ．しかし，ここでは当面，この区別に拘泥する必要はない，ということだけは断っておこう．

数の集合 X や Y が具体的に何であるか，またある規則 f が具体的にどんなものであるのか，これらについては一切言及されていないが，具体的な個物でものを考えていこうとするのではなく，類や種でものを考えていこうとする志向性，すなわちこの抽象への志向性こそは，数学屋の「かなしき（？）」性(さが)なのである．しかし，この一見「おっかなびっくりの抽象志向」は，G. クライゼルが述べたように「抽象的な概念は具体的な状況の理解をいっそう容易にするため」なのである．

ここで，さらに「抽象への階梯」を昇ってみたい．上の定義では，集合 X や Y は「数の集まり」と規定されていたが，この「数の」という条件をさらに緩めて「事物の集まり」とすると，次のような「写像(mapping)」の概念が得られる．すなわち，

2つの空でない集合 X, Y があって，X のそれぞれの要素 x に対して，Y の要素 y がただ1つ定まる（事物から事物への一意対応）ような規則 f が与えられているとき，この規則 f を集合 X から集合 Y への**写像**といい，

$$f: X \to Y \quad \text{または} \quad X \xrightarrow{f} Y$$

のように表す．また，x に応じて定まる y を f による x の像といい，$f(x)$ で表す．

ということになる．とくに，$X = Y$ の場合，この写像 f を「変換(transformation)」という．

お分かりのように，「写像」の定義は上で述べた「関数」の定義とほとんど同じであり，こんにちでは，「関数」を広義の意味で用いて，この言葉に「写像」の意味も含めることもある．

ともあれ，X, Y が「数の集合」から，「数」のみに限定されていない一般の集合に広げられたことには大きな意味がある．それは，私たちの世界のさまざまな活動をこの「写像あるいは関数」概念で把握してみることができるからである．あるいは，この世界の現象や活動をそのように「見立てる」ことを可能にするためである．

実はさきほど，「関数」の例として「パチンコ玉の自動販売機」を取り上げておいたが，この場合 X は「貨幣の集合」であり，Y は「パチンコ玉の集合」なのであるから，正確にはこれは写像の一種といわなければならない．

また，生理学における「刺激」と「反応」も写像の一種であり，このような発想の延長線上で，1936年に Lewin は「行動(B)」を「個体(P)，環境(E)」の関数あるいは写像

$$B = f(P, E)$$

として捉えることを提示している．これは，ある個体の「行動

(B)」が，2つの変数「個体(P)と環境(E)」とによって，決定されるという「認識」あるいは「見立て」を数式化したものと考えることができる．

いうまでもなく，上の例では $y=f(x)$ といった独立変数が1個のものから，2個に増えていて，数学ではこのような

$$z=f(x,\ y)\ (x,\ y \text{ は独立変数}，z \text{ は従属変数})$$

という形の関数を「2変数関数」という．ちなみに，当然「3変数関数」，「4変数関数」，……，「n 変数関数」とどんどんと考えていくことができるわけで，これらを一般に「多変数関数(function of many variables)」というが，あの岡潔(1901～1978)の研究テーマの1つがこれであった．

ともあれ，$\mathrm{B}=f(\mathrm{P},\ \mathrm{E})$ という式で，何かがすぐに分るというわけではないが，大切なことは「対象の捉え方」が変化した，ということである．

4-3 自然数と関数概念

これまで私たちは指数の拡張を通して，私たちの数の世界が「自然数」から，負の整数，有理数，実数の世界に拡張されていくのを見てきたが，この拡張の原動力になっていたのが，実は「関数概念」であったと捉えてみることができる．「意味の流通場」とは，すなわちその別名にすぎない．

自然数の産出原理において，すでにその関数概念はその奥底にそれとなく秘められている．その関数とは，要するに「その次＝後者」という操作である．たとえば，この「操作」を f で書くことにすると，最初に在るもの e に対して

$$f(e),\ f(f(e)),\ f(f(f(e))),\ \cdots\cdots$$

のようにしてどんどんと生成されて限りなく続く系列として「自然数」を規定してみることができる．

ここで，$f(e)$ は「e」の「その次のもの」であり，$f(f(e))$ は $f(e)$ の「その次のもの」を表し，以下についても同様である．もちろん，これは大雑把な言い方であるが，ここで明確に意識化しておきたいことは，自然数の産出原理には一つの「操作」が関与していたことである．

これは，負の整数や有理数を創出していくときも同様で，負の整数では「加法や減法」という操作，また有理数では「乗法や除法」という操作が深く関与しているのである．さらにまた，無理数ではたとえば「開法（＝累乗根を求める算法）」という操作が関与していたのである．

カッシーラは『実体概念と関数概念』の第2章で「算術の科学的な体系は，正数と負数，整数と分数，有理数と無理数という対立を導入することによる数概念の拡張において初めて完成されるのだが，一体この拡張は，ただ〈応用〉という観点のみから説明され権利付けられ得る人為的な変形に過ぎないのか？ それとも最初の『個数』の措定を支配していたのと同じ〈論理学的機能〉の外化(オイセルンク)をあらわしているのだろうか？」という問題を提起している．

数概念の拡張が，「ただ〈応用〉という観点のみから説明され権利付けられ得る人為的な変形に過ぎない」と考えていたのは，たとえば，あの集合論の創始者カントールに対して常に批判的であったドイツの著名な数学者クロネッカー（1823～1891）で，すでに触れたように彼は「自然数のみ神が創り給うた，その余のものはすべて人間の業である」という言葉を残している．

確かに私たちにとって「自然数」というものは，他の数とは区別されるべき特別なものに感じられる．カッシーラも述べているように，私たちは，日常世界の至る所で2個とか4個とかの事物の集まりを直感し経験することができるので，「2」や「4」は素朴な実体概念そのもののように感じられる．

しかし，「数概念の拡張と一般化の最初の一歩で，素朴な捉え方が主に依拠しまた支えられてきたこのような事物としての内実は消滅する」のだ．これは，たとえば，2^3 はそれ自身単独で意味を有したように感じられたが，2^{-1} はそうではなかった，ということを想起してもらえばいい．

そしてカッシーラは「あらゆる新しい数様式の導入，つまり虚数はもちろんのこと負数や無理数の導入でさえもがその都度直面する困難は，これらすべての変形において数についての言述の本来的な〈実体〉がますますもって消え失せてしまうおそれがある」と述べ，さらにガウスの次の言葉を引用している．

> 正数と負数とは，数えられるものが，それと加え合わせたときに無（Vernichtung）に等しくなるような反対物（ein Entgegengesetztes）をもつ場合のみ適用される．綿密に検討を加えるならば，この前提は，数えられるものが実体（それ自身で思惟可能な対象）ではなく2個の対象間の関係であるときのみ実現されている．

おそらく，ここまで読み進められてきた読者諸氏は，上の言葉の意味がもう十分にお分かりであろう．そしてまた，カッシーラの次のような指摘も難なく納得できるであろう．

> 拡張された数概念が実体に即して，つまり〈それ自身〉で考えられる対象に即して意味するものを示すことに拘泥する限りでは，その意味は理解されないけれども，数を，構成的に作り出された系列における関係を純粋の〈関連〉の表現だと見做すならば，直ち

にその意味は透けて見える．

「2^{-1}」をそれ自身で単独で理解しようとしてはならない．この「2^{-1}」は，構成的に作り出された系列における関係の流れの中で理解されねばならない．そして，カッシーラははじめの問い対して「負数・無理数・超限数という新しい形象は外側から数体系に付け加えられたのではなく，数体系の最初の設定において作用していることが示された論理的基本機能の不断の展開から生まれてきたものである」と結論している．

数概念の拡張の中にすでに関数概念が秘められていたのである．

4-4　座標

ここで取り上げてみたいのは，x の n 次式で表される関数，すなわち

$$f(x)=a_0+a_1x+a_2x^2+\cdots\cdots+a_{n-1}x^{n-1}+a_nx^n$$

$(a_0, a_1, a_2, \cdots, a_{n-1}, a_n$ は実数$)$

という形の関数である．見るからに，おっかなびっくりの式であるが，なに，ここでは x の1次式や2次式，せいぜい3次式で表される関数，すなわち

$f(x)=a+bx$ (1次関数)　………①

$f(x)=a+bx+cx^2$ (2次関数)　………②

$f(x)=a+bx+cx^2+dx^3$ (3次関数)　………③

といったものだけを考えてみたい．いや，これから具体的に取り上げてみるのは，

$f(x)=x$ (①で，$a=0$, $b=1$ の場合)

$$f(x)=x^2 \ (②で,\ \ a=0,\ b=0,\ c=1 の場合)$$

$$f(x)=x^3 \ (③で,\ \ a=0,\ b=0,\ c=0,\ d=1 の場合)$$

といった極めて簡単なもので，これらの関数の「顔」を描いてみたいのだ．つまり，こうした関数のヴィジュアル化（視覚化）である．あるいは，「式の世界」を「絵の世界」に翻訳することである．そのためには，ここで「**座標**」という考え方を導入しなければならない．

右図のような，点O（これを**原点**という）で直交する向き付きの数直線 x 軸，y 軸を考え，この x 軸，y 軸によって作られる平面（これを**座標平面**という）上の点Pに対して，H, Kを図のように定める．このとき，Hの x 軸における位置を表す実数を a（直感的には線分OHの向き付きの長さ），Kの y 軸における位置を表す実数を b とすると，この a と b とによって作られる順序を考慮した数の組 $(a,\ b)$（これを「順序対」という）を点Pの座標といい，

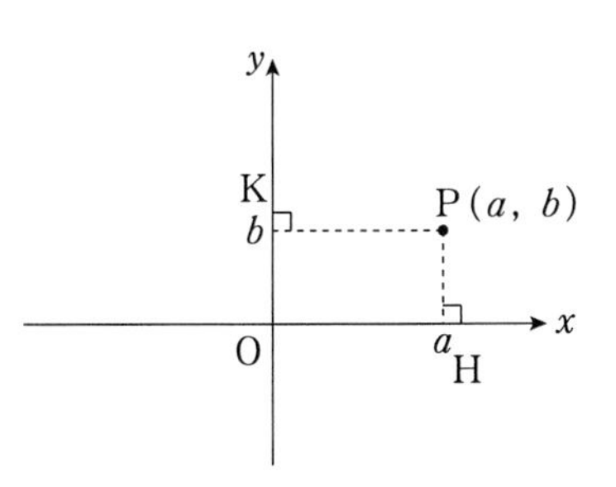

$$\mathrm{P}(a,\ b),\quad \mathrm{P}=(a,\ b)$$

のように書く．

こんなことは，現在中学校で教えられることであり，大部分の日本人にとっては，確認するまでもないことのように思われるだろう．また，私たちは，映画館や劇場の座席が，右図のように

「いろはにほへと……」

と

「1, 2, 3, 4, ……」

との組合せで，決められているのを日常的に経験する．

しかし，平面上にある点を，上のように順序付けられた数の組で表すということに対して，私たちはもっと驚くべきではないか．

少し飛躍するが，この「座標」こそは，近代社会の数量化の魁となるのであり，是非はともかく私たちの現代社会を根底から支えている発想なのである．

「点」を順序付けられた2つの実数の組 (a, b) で表す．点Pと (a, b) とは，

$$\text{点 P} \Longleftrightarrow (a, b)$$

のように見事に1対1に対応する．原点Oを決めておく．すると点Pを決めれば，数の組 (a, b) が唯一通りに定まり，逆に数の組 (a, b) を決めれば，それに対応する点Pがやはり唯一通りに定まる．考えてみれば，これ自身が一つの「写像」の考え方だ．「座標」は一つの革命なのだ．

いわゆる「座標幾何学」あるいは「解析幾何学」と呼ばれるものを確立した人物は**ルネ・デカルト**（1596～1650）である，というのが世の通説である．それに対して私にとくに異論があるわけではない．

が，座標幾何学の思想的な萌芽は，古代ギリシャの**アポロニウス**の「円錐曲線論」にすでに見ることができるといわなければならないだろう．また，「グラフ概念の先駆者の一人」といわれる14世紀の数学者**ニコル・オレーム**（1323～1382）は，時間 t と，そ

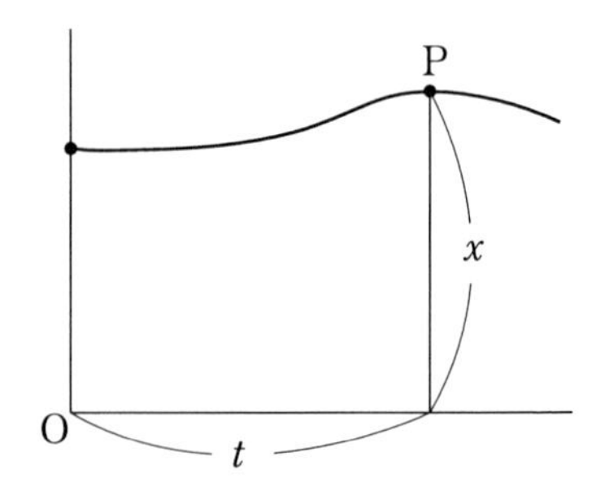

の時間によって変化する量xとの関係を図示するのに，右図のようなグラフを用いている．彼は，tを「経度」，xを「緯度」と名付けているが，これはいわゆる速度$(=v)$と時間$(=t)$の関係を表すvtグラフにほかならない．とはいえ，彼には「連続性」の概念が欠けていたといわれる．

この方法は天文学の研究に応用されていたようであるがその後は大きく発展しなかった．

ルネッサンス期に突入すると，代数学の発達が，「代数と幾何との融合」の下準備を開始する．それに大きな貢献をした人に，イギリスの**ハリオット**（1560～1621）がいる．彼は直角座標を考え，曲線を方程式で表現したが，その草稿は今も大英博物館に保存されているという．

17世紀には，あのフランスの数学者**フェルマー**（1608～1665）が，「座標幾何学」の本を書く．これは，1674年にフェルマーの死後息子のサミュエルによって『平面および立体軌跡入門』というタイトルで出版されたが，デカルトの解析幾何に関する著作よりも早く書かれている．この本の巻頭には次のような記述が見られる．

古代人が軌跡について非常に多く書いていたことは疑いのないところである．これを証拠立てるものはパップスであって，彼はその著第7巻のはじめに，アポロニウスは平面軌跡，アリスタイオスは立体軌跡について研究した，と確言している．しかし，軌跡の研究は彼等にとっては楽なことではなかった．このことは，後述するところから見られるように，彼等は多くの軌跡を十分一般的に表現しなかったことから結論される．そこで，この学問を本来のしかも特殊な解析に属せしめることによって，軌跡に対する一般の通路を将来開くことにしよう．

確かに「ある条件を満足する点の軌跡」を，数式を用いないでいわゆる初等幾何的に追跡するのは，煩雑であり，楽なことではない．たとえば，「2 定点 A, B までの距離の比が一定である」という条件を満たす点 P の軌跡(これを「アポロニウスの円」という)程度でさえ，予備校の授業で初等幾何的に説明するのは，骨の折れる仕事である．

フェルマーは，この書物ではヴィエタに倣って「未知数」には母音文字，「既知数」には子音文字を宛がっているが，たとえば，直線や円，放物線や楕円や双曲線を，現代風に書けば，

直線：$\dfrac{a-x}{a}=\dfrac{y}{b}$

円：$(x-a)^2+(y-b)^2=r^2$

放物線：$y^2=ax$　または　$x^2=by$

楕円：$\dfrac{a^2-x^2}{y^2}=\varepsilon\ \ (\varepsilon>0)$

双曲線：$\dfrac{a^2+x^2}{y^2}=\varepsilon\ \ (\varepsilon>0)$

のように表している．これを見る限り，今日の解析幾何学と全く同じような形であるが，彼には点 $(x,\ y)$ という考え方はなかった．x や y, a や b はフェルマーにとっては古代ギリシャ人同様に，あくまでも「長さ」であり，また x^2 や a^2 は「面積」を表すものでなければならなかった．ために，フェルマーは方程式の図形的な意味を考えて，それを必ず「同次式の形」にした．つまり

$$\frac{[\text{長さ}]}{[\text{長さ}]}=\frac{[\text{長さ}]}{[\text{長さ}]},\quad [\text{面積}]=[\text{面積}],\quad \frac{[\text{面積}]}{[\text{面積}]}=[\text{定数}]$$

のように考えて方程式を作ったのである.

ともあれ，フェルマーにあっては点の座標 (x, y) という考え方はまだ生まれていないのである.

これに対して，デカルトはこの座標という考え方をはっきりと自覚している．とはいえ，デカルトの『幾何学』という本には，「座標(coordinates)」という言葉(この言葉を始めて用いたのはライプニッツである)や「解析幾何学(？)」という言葉(この言葉を始めて用いたのはラクロア(1765～1843)である)は登場していない．しかし，カジョリの『初等数学史』の翻訳者小倉金之助は「関数の観念を明確に保持して，曲線を方程式で表したところに，デカルトの創意がある」と述べている.

また，小林秀雄は「常識について」で，デカルトを「誰も驚かない，あまりあたりまえな事柄に，深く驚くことのできた人」であり,「自分の精神の正直な動き以外に，世の中に何も求めなかった人間」であると規定して，彼の解析幾何学について次のように述べる.

> デカルトは，数学を学んでみて，この貴重な学問が，なぜ死んでいるのかを看破した．それはこの学問が，常識に結合していないからなのだ．数学の仕事の背後では，目に見えぬ，極度に純化された常識が働いているはずなのだが，これに目をつけないから，数学は悪く専門化し，幾何学者は，図形を追い，代数学者は符号に屈従し，実効のない，いたずらに複雑な技術と化している．デカルトは数学を計算の技術と見る眼から，数学を「精神を陶冶(とうや)する学問」と解する大きな精神の眼に飛び移る．そして，これを実地に当たって，陶冶してみる．すると古代の幾何学は近代の代数学に結合してしまった.

デカルト自身も『方法序説』で語っているように，若かりし頃

「論理学」と「幾何学者の分析的解法」と「代数学」を学んだが，「論理学」は「自分の知っていることを他人に説明するため，あるいは判断を用いずに自分の知らぬことを語るには有用」であるが，「自分の知らぬ事を学ぶためにはさほど有用」ではなく，また「幾何学」と「代数学」についてはといえば，これら2つの学問は「何の用をもなさぬように見える」ばかりでなく，「前者はつねに図形の考察のみに限られるために，想像力をひどく疲れさせることなしには理解力を働かせることができない」し，また「後者においても，若干の規則や若干の記号に盲従させられたために，人はこのものをもって精神を開発する学問とはせずに，それを悩ますばかりの，混雑して分りにくい技術としてしまった」と考えていた．

そして，それゆえデカルトは「これら3つの学問の長所を含みながら，それぞれの欠陥からは免れているような，何か他の方法」を探究したのであり，その結果「古代の幾何学」は「近代の代数学」に結合したのである．すなわち，「単位線分」と「座標」の導入とによって，図形の世界は，数式の世界へ，数式の世界は図形の世界にそれぞれ互いに翻訳可能となったのである．

4-5　簡単な多項式関数（整関数）

座標を導入すれば，$f(x)=x$ や $f(x)=x^2$ のグラフを描くことはさほど難しいことではあるまい．

$f(x)=x^2$ のとき，

$$y=f(x) \Longleftrightarrow y=x^2$$

のグラフをどのように描くか．まず，私たちは x にいろいろな値を与え，それに応じて y がどのような値をとるかを調べることから始める．たとえば，

x	-3	-2	-1	0	1	2	3
y	9	4	1	0	1	4	9

のようにである．xには，なるべく小刻みにたくさんの値を取らせた方がいいが，今はこの程度で十分だ．次に，この表をもとにして，7個の点

$(-3,\ 9)$，$(-2,\ 4)$，$(-1,\ 1)$，$(0,\ 0)$，$(1,\ 1)$，$(2,\ 4)$，$(3,\ 9)$

を座標平面上にとる．すると，以下のようになるだろう．

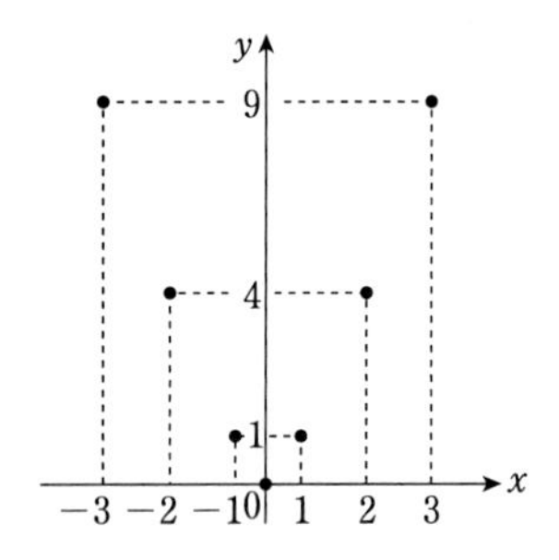

そして最後は，これらの7個の点を「滑らかな曲線で結んでみる」のである．このようにして得られる $y=f(x)$ グラフの概形は以下のようになる．

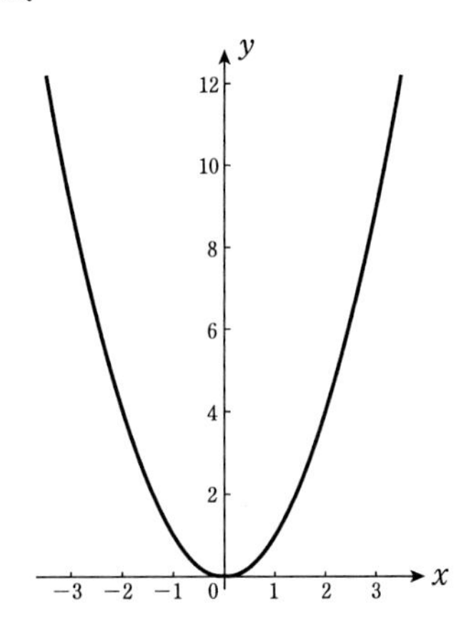

ここで問題なのは,「滑らかな曲線で結ぶ」という作業だろうが,そんなことをしてもよいのだろうかと訝しく感ずる人は, x の値をもっと小刻みにとって，そのそれぞれに対する y の値を計算してみるとよい．そしてもっと緻密に点をプロットしてみることをすすめておきたい．確かに,「滑らかな曲線で結んでもよいだろう」と感じられるはずである．

ともかく，上と同様に考えていけば， $f(x)=x$ の顔も $f(x)=x^3$ の顔も描けて以下のようになる．

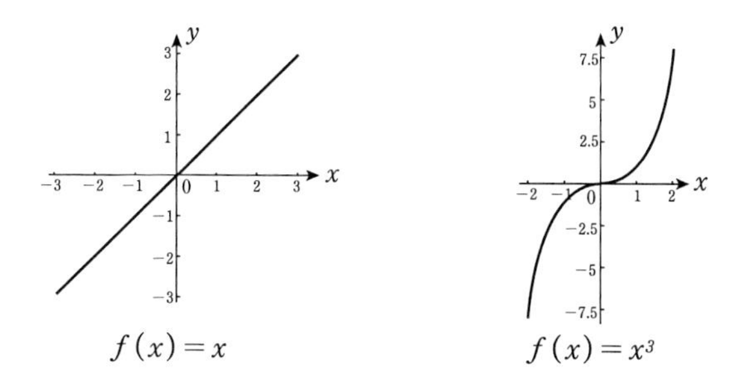

$f(x)=x$　　$f(x)=x^3$

いま,「顔」などという比喩的な表現を用いたが，これは要するに「グラフ」のことで， $y=f(x)$ のグラフとは,

$y=f(x)$ の関係を満たす座標平面上の点 $(x,\ y)$ の集まり

のことに他ならない．

最後に面白い関数を紹介しておこう．それは,

$$f(x)=0\cdot x+1 \Longleftrightarrow f(x)=1$$

といった類の関数だ．これは, x の値が何であっても y の値は常に「1」という関数で，**定値関数**などと呼ばれ，そのグラフは次のような x 軸に平行な直線になる．

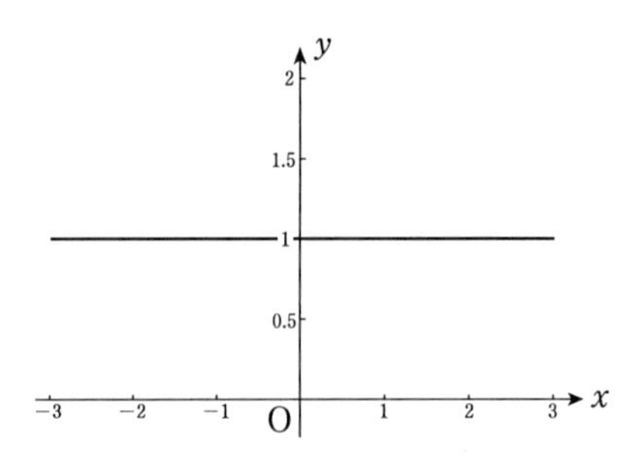

これもまた，関数の一種なのだ．

余談になるが，受験生にたとえば $y=2x+1$ がどのようなグラフを表すか，と質問すると

傾き 2，y 切片が 1 の直線

と答える．答自体は誤りではないが，どうしてそのような直線になるのか，とさらに質すと，ほとんどの者が答に窮す．どうも彼等は，$y=2x+1$ の表す図形が，$y=2x+1$ という関係を満たす点 $(x,\ y)$ の集合によって作られた座標平面上の全体像であるという自覚がないようなのである．

一般に関数 $y=f(x)$ の表すグラフ（＝顔）とは，$y=f(x)$ という関係を満たす点 $(x,\ y)$ の集合

$$\{(x,\ y)\,|\,y=f(x)\}$$

の全体像にほかならない．このような捉え方が可能になったのは，“デカルト座標”のおかげであり，この点は明確に意識化しておかなければならない．

$e^{i\pi} = -1$

第5章

指数・対数関数について

5-1 指数関数

さて，これからいよいよ $f(x)=2^x$ のような形の「指数関数」を考える．この関数のグラフも，$f(x)=x^2$ のグラフを描いたときと同じような作業を通して描くことができる．

まず，以下のような，x の値と y $(=2^x)$ の値との対応表を作ってみる．

x	-3	-2	-1	0	1	2	3
y	$\frac{1}{8}$	$\frac{1}{4}$	$\frac{1}{2}$	1	2	4	8

次に, 7 個の点

$$\left(-3,\ \frac{1}{8}\right),\ \left(-2,\ \frac{1}{4}\right),\ \left(-1,\ \frac{1}{2}\right),\ (0,1),\ (1,2),\ (2,4),\ (3,8)$$

を xy 座標平面にプロットする．すると以下のようになるだろう．

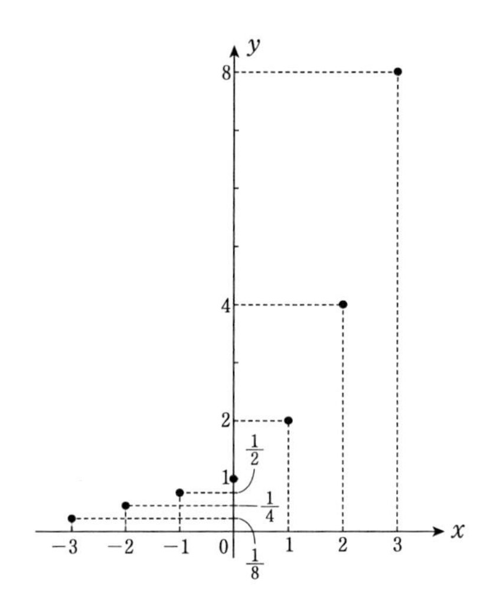

そして，最後はこれらの７個の点を滑らかな曲線で結んでみる．ここでも，「滑らかな曲線で結ぶ」というところがちょっと気になるが，私たちはいまや「2^x」の x を，自然数から出発して，「0，負の整数，有理数，実数（＝有理数＋無理数）」と拡張したのであるから，当然「$2^{\frac{2}{3}}$」や「$2^{\sqrt{3}}$」といったものを考えることができるようになっている．ともかく「滑らかな曲線で結んでみる」と以下のようになるだろう．

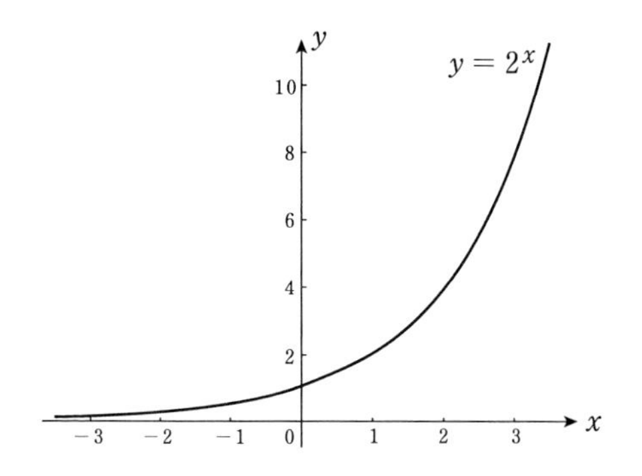

上のグラフを見てすぐに分るのは，x の値がどんどん大きくなれば，y の値もどんどん大きく（別の言い方をすれば，x の値がどんどん小さくなれば，y の値もどんどん小さくなる）なっているということで，要するに「x と y の増加・減少が一致している」のである．このような関数を一般に「**単調増加関数**」という．

関数 $y=2^x$ の 2 を正数 a に変えてみると，この関数は

$$y=a^x \quad (a>0)$$

という形をしている．この a を「**底**（てい）」という．このような形の関数を一般に「指数関数」というが，今度は底 a の値をたとえば，$a=\dfrac{1}{2}$ として $y=\left(\dfrac{1}{2}\right)^x$ としてそのグラフを描いてみると，以下のようになる．今度は，x と y の増加・減少がちょうど逆に

なっている．すなわち，x の値がどんどん増加すれば，y の値はどんどん減少しているが，このような関数は「**単調減少関数**」と呼ばれる．これは，$\frac{1}{2}=2^{-1}$ であるから，

$$y=\left(\frac{1}{2}\right)^x=(2^{-1})^x=2^{-x}$$

という関数のグラフということもできる．

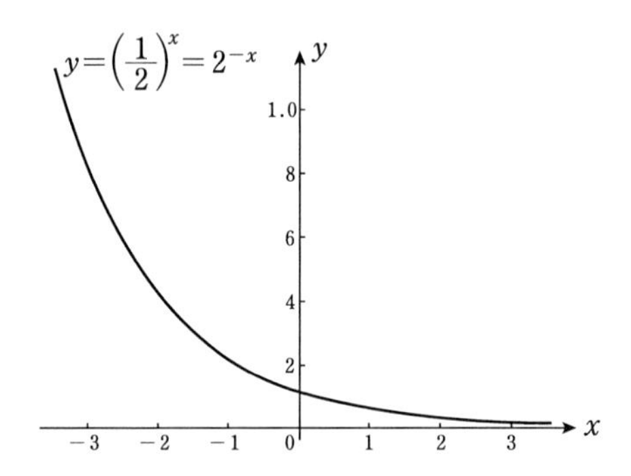

さらに，ここで $y=a^x$ の a の値をいろいろ変えて，そのグラフを同一座標平面に描くとどうなるのか．たとえば，a が $\frac{1}{3}=3^{-1}$, $\frac{1}{2}=2^{-1}$, 1, 2, 3 として，そのグラフを描いたものが下図である．

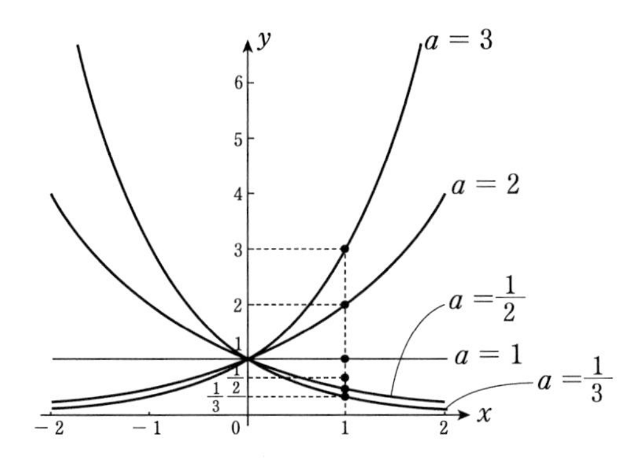

このグラフから分るように関数 $y=a^x$ においては

$a>1$ ならば，単調増加関数

$0<a<1$ ならば，単調減少関数

になっていて，どのグラフもすべて点 $(0, 1)$ を通っている．また，

$$y=2^x \text{ と } y=\left(\frac{1}{2}\right)^x=2^{-x},\quad y=3^x \text{ と } y=\left(\frac{1}{3}\right)^x=3^{-x}$$

とは，それぞれ互いに y 軸に関して対称だということも分る．さらに，$a>1$ のときは a の値が大きいほど，y の値が増加していくスピードは速くなることも了解できるだろう．

5-2　関数方程式による $a^0=1$ の証明

第１章では，「a^0」や「a^{-1}」は，「意味の流通場」に放り込まれてはじめて意味を獲得する，と述べた．この「意味の流通場」は，関数記号を用いると，次のように明快に特徴付けることができる．すなわち，$f(x)=a^x$ $(a>0,\ a\neq 1)$ とおくと，任意の実数 r, s に対して，

$$f(r)f(s)=f(r+s) \qquad \cdots\cdots\cdots\cdots(*)$$

が成り立つ場（これを「関数方程式」という）である，と．これは，要するに

$$a^r\cdot a^s=a^{r+s}\ (\times \text{ が } + \text{ になる}) \qquad \cdots\cdots\cdots\cdots(**)$$

という，あのスチーフェルの発見を，明確に意識化して関数記号で表現したものにほかならない．

(*)と(**)とは，同じことを表しているように思われるかもしれない．しかし，(**)はまだ「指数関数」のしがらみを残しているが，(*)はあくまでも私たちの関心が「×が＋になる」という

「意味の流通場」にのみ関心があることを旗幟鮮明に宣言している式である．

さて，(∗)を用いると，この式で特徴付けられた「意味の流通場」において，$a^0=1$ となることは，実は簡単に示すことができる．すなわち，(∗)において

$$r=1,\ \ s=0$$

とおくと，

$$\begin{aligned} f(1)f(0)=f(1) &\Longleftrightarrow f(1)f(0)-f(1)=0 \\ &\Longleftrightarrow f(1)\{f(0)-1\}=0 \end{aligned}$$

ここで，$f(1)\neq 0$ であるから，

$$f(0)-1=0 \qquad \therefore\ f(0)=1$$

すなわち，$a^0=1$ となるのである．

また(∗)において，$r=1$, $s=-1$ とおき $f(0)=1$ を用いると

$$f(1)f(-1)=f(1-1) \Longleftrightarrow f(1)f(-1)=f(0)$$

$$\therefore\ f(1)f(-1)=1 \qquad \therefore\ f(-1)=\frac{1}{f(1)}$$

となり，これは $a^{-1}=\dfrac{1}{a}$ を表している．

以上の議論からも了解できるように，$a^0=1$ や $a^{-1}=\dfrac{1}{a}$ などは，これ自体単独で考えても納得できる式ではなく，関数方程式(∗)によって定義される意味の流通場を通してはじめて理解できるものなのである．「関数方程式」が重要である所以であるが，カッシーラは『実体概念と関数概念』の第 2 章で次のように述べる．

> ここでいま，〈最初の〉項を持ち，すべての項に対して直接それに続く項があり，しかもそれらを系列全体を通じて同一の推移的・反対称的関係で一義的に結び付けている漸化の法則の定められている系列を考えるならば，このような「進行（Progression）」において，算術が関わるあらゆる対象に固有の基本範型がすでに捉えられたことになる．算術の全命題・算術が定義する全演算は，もっぱらこの進行の一般的性質に関するものである．したがってそれらは直接「事物」に関する問題ではなく，ある集合の要素間を支配する順序関係（ordinale Beziehung）に関するものである．加減乗除の定義，正数・負数・整数・分数の説明は，純粋にこの基礎の上で――とりわけ，具体的で計量可能な対象との関係にまで立ち戻ることなく――展開されうる．この演算では，数の「存立」は，すべて，数が〈それら自身の内部で〉示す諸関係に依拠しているのであり，外的・対象的現実との関係にもとづくものではない．数は，それとは疎遠な「基体（ズブストラート）」を必要とせず，各項が他の項を通じてその〈集合（システム）内での位置〉を一義的に規定されている限り，相互的に支え合っているのだ．

ところで，$f(x)=a^x$ のとき，この関数 $f(x)$ は関数方程式（＊）を満たしたが，逆に，$f(x)$ を連続な関数として，$f(1)=a$ $(a \neq 0)$，任意の実数 r, s に対して関数方程式（＊），すなわち

$$f(r)f(s)=f(r+s)$$

という意味の流通場をもつ関数 $f(x)$ は，a^x の他にどんな関数があるのだろうか？

結論を言えば，何と「a^x 以外にはない」のである．これを，以

下に示してみよう．

（＊）において，$r=1$，$s=0$ とおくと，

$$f(1)f(0)=f(1)$$

$f(1)=a\neq 0$ だから，　$f(0)=1$ ……………①

また，（＊）において，$s=x$，$r=-x$ とおくと，

$$f(x)f(-x)=f(0)$$

であるから，①より　$f(x)f(-x)=1$

したがって，$f(x)\neq 0$ (for all x) となり，

$$f(-x)=\frac{1}{f(x)} \quad \cdots\cdots\cdots\cdots ②$$

これより $f(x)\neq 0$ であり，（＊）で $r=s=\dfrac{x}{2}$ とおくと

$$f\left(\frac{x}{2}\right)f\left(\frac{x}{2}\right)=f(x) \qquad \therefore\ f(x)=\left\{f\left(\frac{x}{2}\right)\right\}^2>0$$

すなわち，任意の実数 x に対して $f(x)>0$ である．ちなみにこれより，$a=f(1)>0$ でなければならないことが分かる．

次に，任意の整数 n に対して，

$$f(nx)=\{f(x)\}^n \quad \cdots\cdots\cdots\cdots ③$$

が成り立つことを示そう．

（ｉ）が正の整数($n>0$)のとき，

（＊）を繰り返し用いる（正確には数学的帰納法による）と

$$f(nx)=\underbrace{f(x)f(x)\cdots\cdots f(x)}_{n\text{個}}=\{f(x)\}^n$$

（ii） n が負の整数($n<0$)のとき，

（ｉ）の結果と②から，

$$f(nx)=f((-n)(-x))=\{f(-x)\}^{-n}=\left\{\frac{1}{f(x)}\right\}^{-n}=\{f(x)\}^n$$

（iii） $n=0$ のとき，

$$f(0)=1,\ \{f(x)\}^0=1,\ \text{だから，}\ f(0\cdot x)=\{f(x)\}^0$$

以上(ⅰ)〜(ⅲ)より任意の整数 n に対して③が成り立つことが分かった．

さて，いま m を正の整数とすると，③から

$$f(x)=f\left(m\cdot\frac{x}{m}\right)=\left\{f\left(\frac{x}{m}\right)\right\}^m$$

が成立し，任意の x に対して $f(x)>0$ だから，上式から

$$f\left(\frac{x}{m}\right)=\{f(x)\}^{\frac{1}{m}} \qquad \cdots\cdots\cdots\cdots④$$

となる．④において，x を nx（n は整数）に置き換えると，再び③から

$$f\left(\frac{nx}{m}\right)=\{f(nx)\}^{\frac{1}{m}}=[\{f(x)\}^n]^{\frac{1}{m}}=\{f(x)\}^{\frac{n}{m}}$$

が成り立つ．

ここで，$t=\dfrac{n}{m}$（m は正の整数，n は任意の整数）とおいてみよう．すると，任意の有理数 t に対して

$$f(tx)=\{f(x)\}^t \qquad \cdots\cdots\cdots\cdots⑤$$

が成り立ち，$f(x)$ の連続性から t が実数のときも⑤が成立するのである．

そこで⑤において $x=1$ とおくと，$f(1)=a$ より

$$f(t)=\{f(1)\}^t=a^t$$

すなわち，任意の実数 x に対して，

$$f(x)=a^x$$

が成り立ち，「a^x 以外にない」ことが示されたのである．

5-3 対数関数－指数関数の逆関数

次に考えておかなければならないのは「対数関数」である．しかしその前にまず「対数（logarithm）」について説明しておかなければならないだろう．そのために

$$\frac{1}{8}=2^{-3},\ \frac{1}{4}=2^{-2},\ \frac{1}{2}=2^{-1},\ 1=2^0,\ 2=2^1,\ 4=2^2,\ 8=2^3$$

といった関係をここでもう一度想起しておこう．

「対数」とはズバリ，何のことか．それは上の関係式において，

$$-3,\ -2,\ -1,\ 0,\ 1,\ 2,\ 3$$

のことだ．と言えば，おそらく多くの読者諸賢はそんなことはない，それは「指数」ではないか，と反論されるかと思う．まったくその通りである．

しかし，と私は思う．ここで一つ注意しておきたいことがある．それは，数学における「言葉」は，常に，ある「関係」の中で意味を持つ（いや，この事情は「数学」だけの世界ではないのだろう）いうことだ．この「関係」を無視した言葉遣いは，言うまでもなく意味不明になる．その昔，

「8 の対数」は 3 ですね

と生徒から言われたことがあるが，正確に言えば「8 の対数」などといったものは考えることができない．

8 の，2 を底とする対数は何か

であれば，よい．これは，

8 は，2 を何乗すれば得られるのか

と訊いているのだから，「3」と答えることができる．

「$8=2^3$」という式の「3」が，ある立場からみて「指数」と呼ばれ，また別の関係からみて「対数」と呼称される．この自覚は大

切なことだ．

一般に「対数」というものは，次のように定義される．

正数 M と正数 a があり，$M=a^s$（s は実数）が成り立っているとき，s を a を底とする M の対数といい，$s=\log_a M$ とかく．

すなわち，

$$s=\log_a M \iff M=a^s$$

ということだ．たとえば

$$-3=\log_2\frac{1}{8},\quad -2=\log_2\frac{1}{4},\quad -1=\log_2\frac{1}{2},$$

$$0=\log_2 1,\quad 1=\log_2 2,\quad 2=\log_2 4,\quad 3=\log_2 8$$

となる．

一般に，$a>0$，$a\neq 1$，$M>0$，$N>0$ とすると，

---

① $\log_a MN=\log_a M+\log_a N$

② $\log_a \dfrac{M}{N}=\log_a M-\log_a N$

が成り立つ．これは指数法則の別の表現に他ならない．実際，

$$\log_a M=s,\quad \log_a N=t$$

とおくと，定義から

$$M=a^s,\quad N=a^t$$

であるから，

$$MN=a^s\cdot a^t=a^{s+t}\qquad \therefore\ MN=a^{s+t}$$

となり，再び定義から

$$\log_a MN=s+t=\log_a M+\log_a N$$

となるのだ．

②も同様に示されるが，これは「指数計算においては割り算が引き算」になることを想起してもらえば簡単に了解できるだろう．

要するに

「対数 $\log_a M$」は，a を何乗すれば M になるのか？

ということを訊いているのであり，誤解を恐れずに言えば「対数とは指数に他ならない」と言ってみることもできる．つまり，

$$y = a^x$$

という関係が成り立っているとき，「指数 x」を「y と a で表現したもの」が「$\log_a y$」であり，すなわち，

$$x = \log_a y$$

となるのである．

これを図形的にみるとどういうことになるのか．いま，$a>1$ として考えてみよう．

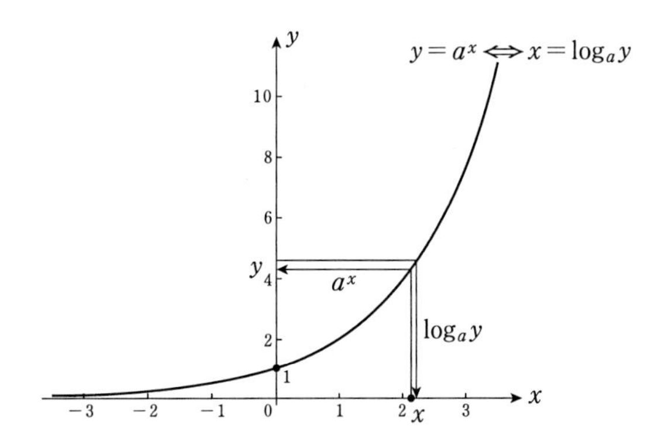

$y = a^x$ のグラフが上のようになることは先程確認した．これを見て分るように，x の値が一つ決まれば，y の値も一つ決まるが，逆に，y の値が一つ決まれば x の値が一つ決まる．その x の値が

$$\log_a y$$

に他ならない．今度は，y が「独立変数」であり，x がその y の値に応じて定まる「従属変数」なのである．

ところで，私たちはふつう，「独立変数」を x,「従属変数」を y と書く習慣がある．そこで，$\log_a y$ の「y」を形式的に「x」と書き換え，新しく

$$f(x)=\log_a x$$

という関数を定義する．これが「対数関数」である．

では，この新しい関数のグラフはどうなるのか．$a=2$ の場合，すなわち $y=\log_2 x$ を例にとって例の方法によって調べてみよう．

まず，x の値と y の値との対応表を作ってみると，

x	$\frac{1}{8}$	$\frac{1}{4}$	$\frac{1}{2}$	1	2	4	8
y	-3	-2	-1	0	1	2	3

のようになる．もう，お気づきになったと思うが，これは $y=2^x$ の対応表で，x の値と y の値とをちょうど交換したものである．次に，これらの7個の点

$$\left(\frac{1}{8},\ -3\right),\ \left(\frac{1}{4},\ -2\right),\ \left(\frac{1}{2},\ -1\right),\ (1,\ 0),\ (2,\ 1),\ (4,\ 2),\ (8,\ 3)$$

を xy 座標平面にプロットする．

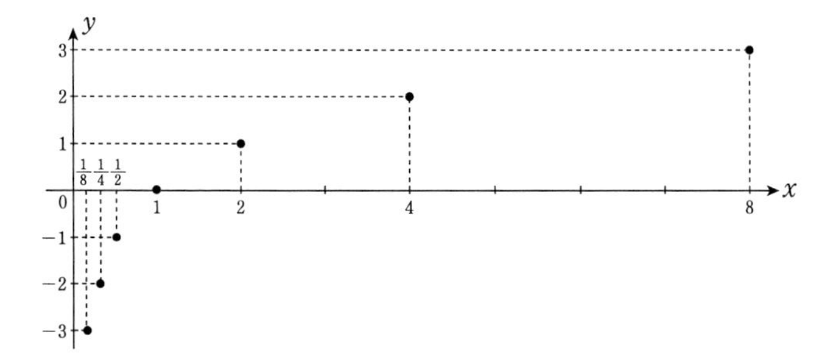

最後は，これらの７個の点を滑らかな曲線で結んでみる．すると，下のようなグラフが得られる．

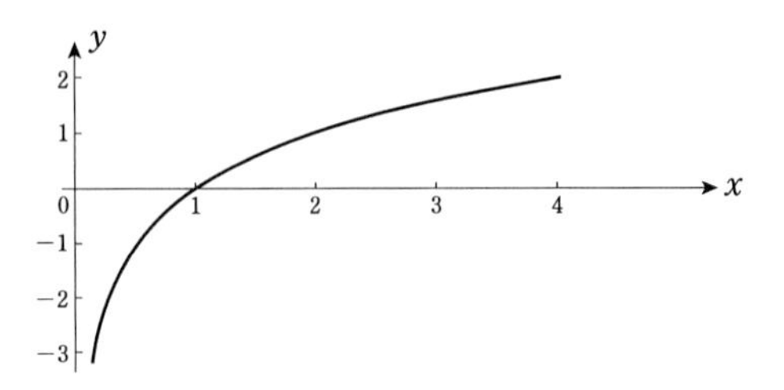

これが，$y=\log_2 x$ のグラフだ．もうお分かりであろうが，このグラフは $y=2^x$ のグラフと直線 $y=x$ に関して対称である．

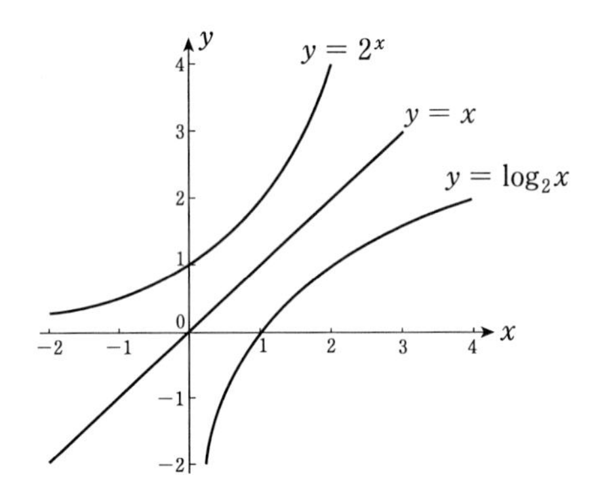

これは，対数関数の成り立ちを考えてみれば明らかで，

$$y=\log_2 x \iff x=2^y$$

に注意し，$x=2^y$ が，$y=2^x$ において x と y とを交換して得られていることを考えてみれば納得できるだろう．

さて，ここまで $y=\log_a x$ において，$a=2$ のグラフを考えてみたが，ここで a の値をいろいろ変えてみるとどうなるか．下の図は，

$$y=\log_{\frac{1}{3}}x,\quad y=\log_{\frac{1}{2}}x,\quad y=\log_2 x,\quad y=\log_3 x$$

のグラフを同一座標平面上に描いたものである．

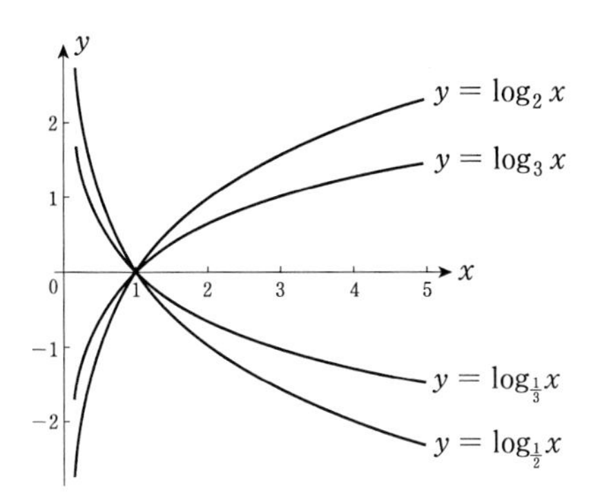

ところで，$f(x)=a^x$ とし $y=f(x)$ とおくと，私たちはこの指数関数 $f(x)$ で

$$x \xrightarrow{f} y$$

という対応を考えたことができた．また

$$y=a^x \iff x=\log_a y$$

であるから，$g(y)=\log_a y$ とおくと，上の $x=\log_a y$ は $x=g(y)$ とかけ，この対数関数は y を x に対応させる関数，すなわち

$$x \xleftarrow{g} y$$

だと捉えることができる．

要するに，f は x を y に対応させる働きをもち，逆に g はその y を x に対応付けている．このような場合，関数 g を関数 f の「逆関数」といい，f^{-1}（「エフ・インバース」と読む）と書く．すなわち，$g=f^{-1}$ であり，

$$x \underset{f^{-1}}{\overset{f}{\rightleftarrows}} y$$

という関係が成り立つのである．もちろん，f 自身も g の逆関数 $(f=g^{-1})$ とみることができる．

一般に，関数 $y=f(x)$ において，y の値が1つ決まれば x の値が唯1つ決まる場合(「x の値が1つ決まれば y の値が唯1つ決まる」のは自明で，これが関数 $f(x)$ の存在を保証していた)，関数 $f(x)$ の逆関数は存在する．そして，

---

① $y=f(x)$ を解いて，$x=g(y)$ の形にする．

② $x=g(y)$ において，x と y とを交換して，$y=g(x)$ の形にする．

という手続きによって，$y=f(x)$ の逆関数 $y=f^{-1}(x)$ $(f^{-1}=g)$ を得ることができる．

逆関数という言葉を使えば，

$$y=a^x \text{ の逆関数は，} \quad y=\log_a x$$

$$y=\log_a x \text{ の逆関数は，} \quad y=a^x$$

ということになり，また

$$y=x+1 \text{ の逆関数は，} \quad y=x-1$$

$$y=x^2 \ (x \geqq 0) \text{ の逆関数は，} \quad y=\sqrt{x} \ (x \geqq 0)$$

となる．

さらに，$f(x)=a^x$，$g(x)=f^{-1}(x)=\log_a x$ とおくと，

$$f(x_1+x_2)=f(x_1)f(x_2)$$

$$g(x_1x_2)=g(x_1)+g(x_2)$$

が成り立つのだ．

5-4　ネイピア数 e の導入

唐突だが，いよいよ「e(**自然対数の底**)」という数を導入する時がきた．対数 $\log_a M$ の底 a は，1 でない正数であれば何でもよいが，しばしば利用される a として，10 と $e = 2.71828\cdots\cdots$ とがあり，

$\log_{10} M$ を**常用対数**，$\log_e M$ を**自然対数**

という．解析学で利用されるはそのほとんどが“e”である．この数は対数の発見者ジョーン・ネイピア (1550 ～ 1617) にちなんで「**ネイピア数**」とも呼ばれる．

ネイピアは右図のような線分 AB 上を，A から出発して B に向かうが，その速度が残りの線分 PB の長さに比例するような点 P の運動(したがって，点 P はしだいに減速する)を考えることによって，1614 年に対数の考え方を発見した．この対数が「自然対数」であるが，実際は私たちがこんにち用いている自然対数とは少し異なる．

A　　　　　　P　B

ネイピア数を「自然」に導入するには，たとえば次のような問題を考えるといいだろう．

元金 A，年利率 r の複利預金の m 年後の元利合計 S は，

$$S = A(1+r)^m$$

となる．これは，1 年ごとに利子を元金に繰り入れる場合の元利合計であるが，1 ヶ月ごとに利子を元金に繰り入れると，m 年後の元利合計は，

$$S = A\left(1+\frac{r}{12}\right)^{12m}$$

となる．では，毎日利子を元金に繰り入れるとどうなるか．すべ

て1年が365日の平年であるとすれば,

$$S=A\left(1+\frac{r}{365}\right)^{365m}$$

のようになる．さらに，時々刻々，一瞬一瞬に利子を元金に繰り入れるとすれば,

$$S=\lim_{l\to\infty}A\left(1+\frac{r}{l}\right)^{lm}=\lim_{l\to\infty}A\left\{\left(1+\frac{1}{\frac{l}{r}}\right)^{\frac{l}{r}}\right\}^{rm}$$

のようになる．このように，時間の連続的経過に対応して利子が元金に繰り入れられていくと考えれば，極限値

$$\lim_{l\to\infty}\left(1+\frac{1}{\frac{l}{r}}\right)^{\frac{l}{r}}=\lim_{n\to\infty}\left(1+\frac{1}{n}\right)^{n}\quad\left(n=\frac{l}{r}\right)$$

が必要になってくることが納得できるだろう．

よく知られているように，放射能物質は現在の「あり高(上の例の元金に相当するものと考えておけばよい)」に比例する輻射を行うが時々刻々の輻射が「あり高」を減少させ，その減少した「あり高」に比例して次の輻射が行われるわけで，この関係は時間の連続的継起の中で起こるのだ．この場合，上の年利率に相当する r は負の数であり，$t=0$ のときの「あり高」を A とし，時刻 t におけるあり高を S とすると,

$$S=Ae^{-kt}\ \ (k\text{ は正の定数})$$

のように表すことができるのである．

e は自然界の時間に依拠したさまざまな現象を説明するために必要な，正に「自然」な定数なのである．

現在の高校数学では，ふつうネイピア数 e は

$$e=\lim_{n\to\infty}u_n\quad\text{ただし,}\quad u_n=\left(1+\frac{1}{n}\right)^{n}$$

のように定義されるが，たとえば n の値を500からはじめて,

1000, 1500 と 500 おきに 10000 までの u_n の値を小数第 30 位までコンピュータで計算させると，右のようになる．

n	u_n
500	2.715568520651725929599849308 06
1000	2.716923932235892457383088121 95
1500	2.717376287888159813866142860 59
2000	2.717602569323139420348995504 73
2500	2.717738371357938506690028970 96
3000	2.717828919874622455161062996 51
3500	2.717893604160243362884683451 80
4000	2.717942121079358570910002053 68
4500	2.717979858656621439801503993 64
5000	2.718010050101854046834217106 11
5500	2.718034753108126895108190533 37
6000	2.718055339575590187133770234 50
6500	2.718072759340790691727298584 79
7000	2.718087690893936983696305557 21
7500	2.718100631816625751706854439 87
8000	2.718111955309306129112381112 52
8500	2.718121946770025510123348594 82
9000	2.718130828181501793739552778 51
9500	2.718138774797757918738073946 99
10000	2.718145936825224864037664674 91

これだけ見ても n の値をどんどん大きくすると，u_n の値はある値に近づいていることが分かるが，その値とは

$$2.718281828459045235360287471 35\cdots$$

のようなものである．この数は，無理数であり，しかも超越数 (＝どんな代数方程式の解にもならない数) である．ちなみに，e が無理数であることの証明は，大学入試問題にもしばしば見られる．

なぜ，こんな値を導入するのか．それは，微分積分学の問題を考える上においてさまざまな利点があるからで，微分積分学で「対数」といえば，ネイピア数 e を底とする自然対数 $\log_e x$ をさし，通常，底の e を省略して「$\log x$ (あるいは $\ln x$)」と記すことになっている．

微分積分学における利点として挙げられることはいろいろある．たとえば，e^x の導関数が同じく e^x であることや，$x=0$ の近

く（近傍）では e^x は $1+x$ で近似できること，すなわち右図のように $y=e^x$ の $x=0$ における接線が $y=1+x$ のような簡潔な形になることなどがある．これはまた別言すれば

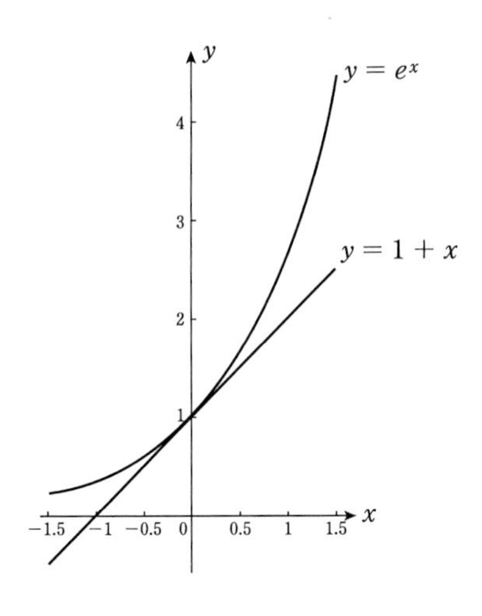

$$\lim_{h\to 0}\frac{e^h-1}{h}=1$$

が成り立つということに他ならない．さらに，$\dfrac{1}{x}$ の原始関数の逆関数が e^x になるということもその利点の一つに挙げられるだろう．

なお，ネイピア数 e は，

$$e=\lim_{n\to\infty}\left(1+\frac{1}{n}\right)^n$$

という定義のほかに，

$$e=\lim_{h\to 0}(1+h)^{\frac{1}{h}}\ \text{（上の式で}\ h=\frac{1}{n}\ \text{とおいてみるとよい）}$$

という形の極限値としてや，

$$e=\sum_{n=0}^{\infty}\frac{1}{n!}=1+\frac{1}{1!}+\frac{1}{2!}+\frac{1}{3!}+\cdots\cdots+\frac{1}{n!}+\cdots\cdots$$

という形の無限級数の和として捕えることもある．実際，$\displaystyle\sum_{n=0}^{100}\frac{1}{n!}$ をコンピュータで計算すると

$$2.718281828459045235360,28747135\cdots\cdots$$

のようになり，確かにこれは e の値に近づいていることが予想できるのである．

第6章

三角関数について

6-1　三角比

私が中学生の頃は中学3年で少しばかり「三角比」を学んだものだが，昭和50年代に中学数学から「三角比」が駆逐されてしまった．これは由々しきことではないか，と長年密かに思っているが，「三角比」なんぞは世間から敵視されていて，未だに復活する兆しはまったくない．さもあらばあれ，だ．

現在では，「三角比」は高校数学に組み込まれ，この「三角比」を学んだ後に「三角関数」を習得するというのが標準的なコースになっている．

三角比というのは，「**直角三角形における2辺の長さの比**」のことで，たとえば，右図の直角三角形において，

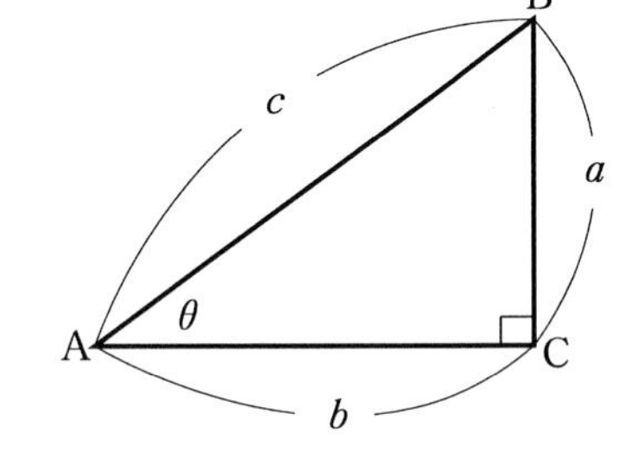

$$\angle BAC = \theta$$

とし，

$$BC = a,\ \ CA = b,\ \ AB = c$$

とすると，次のように定められている．すなわち

a の c に対する比(の値) $\dfrac{a}{c}$ を，$\sin\theta$ (**正弦**という)で

b の c に対する比(の値) $\dfrac{b}{c}$ を，$\cos\theta$ (**余弦**という)で

a の b に対する比(の値) $\dfrac{a}{b}$ を，$\tan\theta$ (**正接**という)で

表すのである．要するに，

$$\sin\theta = \frac{a}{c},\ \ \cos\theta = \frac{b}{c},\ \ \tan\theta = \frac{a}{b}$$

ということに他ならない．

こんなことは，この本の読者であれば先刻ご承知のことと思うが，中には中学生やまだ三角比を勉強していない高校生諸君もいるかもしれないので，いま少し具体的な例を挙げておく．

右上図からわかるように，

$$\sin 30^\circ = \frac{1}{2},\ \cos 30^\circ = \frac{\sqrt{3}}{2},\ \tan 30^\circ = \frac{1}{\sqrt{3}}$$

$$\sin 60^\circ = \frac{\sqrt{3}}{2},\ \cos 60^\circ = \frac{1}{2},\ \tan 60^\circ = \frac{\sqrt{3}}{1}$$

2
60°
1
30°
√3

であり，また右下図からは，

$$\sin 45^\circ = \frac{1}{\sqrt{2}},\quad \cos 45^\circ = \frac{1}{\sqrt{2}},\quad \tan 45^\circ = \frac{1}{1}$$

√2
1
45°
1

となることが分る．

ここで，大切なことは，「三角比（の値）」は「角度に応じて定まる」ということで，たとえば，

$$30^\circ \xrightarrow{\sin} \frac{1}{2},\quad 45^\circ \xrightarrow{\sin} \frac{1}{\sqrt{2}},\quad 60^\circ \xrightarrow{\sin} \frac{\sqrt{3}}{2}$$

といったように，である．

三角比をいろいろ研究する学問を「**三角法**（trigonometry）」といい，これはギリシャ語の trigon（＝三角形）と metria（＝測定）から生まれた言葉であるが，三角法は古代ギリシャにおいてよりも，むしろインドやアラビアで発達した．その理由を，いま追求することは難しいが，端的に言えば，ここには古代ギリシャ民族の文化意思，あるいは「純粋論理」を重視する価値観が深く関与していたと思われる．すなわち，彼等は「直線の長さと円周の長さを同一の単位で測ることがそもそも誤りである」と考えていた．そして，これは彼等の世界観そのものに由来する，と言ってもいいかもしれない．

正方形の一辺の長さとその対角線とが，通約不可能（＝非共測）である，ということはすでに述べたが，「$\sqrt{2}$」はギリシャ人にとっては「数」と呼ぶべきものではなかった．それと同様に，「円周の長さ」も，そのような禍々しい存在だと考えられていたのである．

それに対して，インド人やアラビア人はこうした問題には無頓着であった．それゆえ，三角法を土地測量や天文学，建築学のための「実利の学」として発達させた．フロリアン・カジョリは次のように述べる．

> ギリシャ人は，数と量との間にはっきりした区別を設けたから，無理数は数として認識されなかった．無理数の存在を発見したことは，彼等の巧妙な成功の一つであった．これに反して，インド人はこの無理数と有理数との間に区画をおかなかった．とにかくそれについては，大きな注意を払わなかった．彼等は，連続と不連続との間に横たわる深淵を，一方から他方へと無頓着に過ぎ去った．無理数をも普通の数と同じように取り扱い，これを真の数とみなしたのである．
>
> このことは，数学の進歩に大きな刺激を与えた．

私自身は，ギリシャ人のリゴリズムに強く惹きつけられるが，インド人やアラビア人のノンシャランも捨て難い．この世は，一筋縄ではいかない．

6-2　三角比の歴史

インドでは，すでに6世紀に**アリヤブハータ**（Aryabhata，476～550？）によって「正弦」の表が作られている．

右図の $\angle$AOC $= \theta$ に対して，古代ギリシャではABを「正弦」と言ったが，インドではAHを「正弦」とし，これを，

ジャー・アルダー(jya‐ardha)

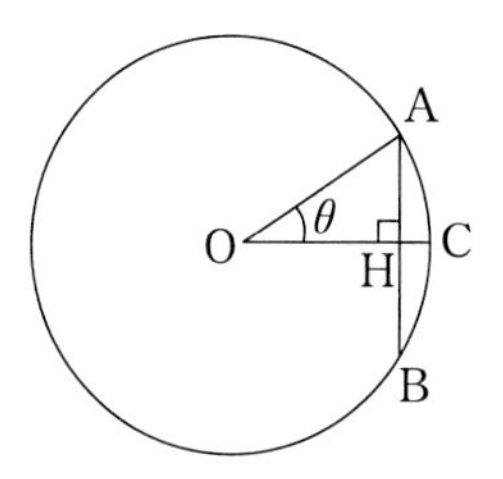

と言った．「ジャー(jya)」は，私たちがこんにち「弦」と言うところのABを表し，「アルダー(ardha)」は「半分」を意味する言葉だ．つまり，AHは「弦・半分」というわけである．

この言葉が，アラビラ語で「ディシャイブ(dschaib ＝胸という意味)」となり，更にラテン語の「シナス(sinus ＝彎曲，胸という意味)」という言葉に受け継がれる．そして，これがやがて現在の「sine」になったのである．

アリヤブハータ以後，さまざまな学者が正弦表を研究しているが，アラビアを代表する**アル・バッターニ**(858？～929)や**アブ・ル・ワッファ**(940～998)といった人たちがその代表であろう．

アル・バッターニは，シリア地方のバッタンに生まれたアラビラ最大の天文学者であり，その著『星の運行』には正弦のみならず，正接(tan)や余接(cot)が登場し，さらに右図のような球面三角形ABCにおいて余弦定理；

$$\cos a = \cos b \cos c + \sin b \sin c \cos A$$

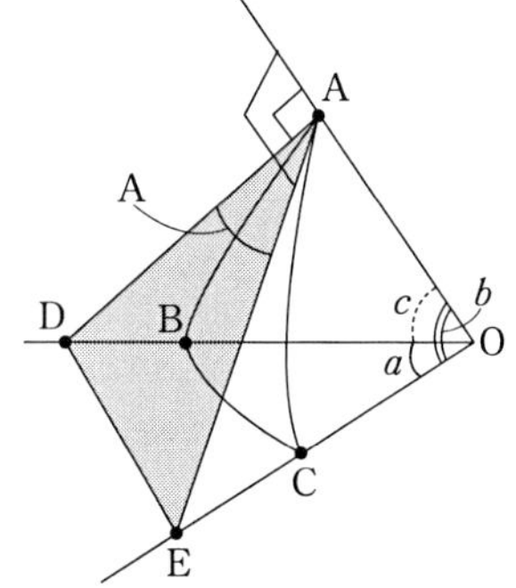

$a = \angle$BOC, $b = \angle$COA, $c = \angle$AOB
A $= \angle$DAE
平面ADEは点Aにおける球の接平面

が成り立つことにも言及している．

これは，以下のように簡単に証明される．

《球面三角形における余弦定理の証明》

△ ADE に余弦定理を用いると

$$DE^2 = AD^2 + AE^2 - 2\,AD \cdot AE \cos A \qquad \cdots\cdots\cdots ①$$

△ ODE に余弦定理を用いると

$$DE^2 = OD^2 + OE^2 - 2\,OD \cdot OE \cos a \qquad \cdots\cdots\cdots ②$$

①，②より

$$AD^2 + AE^2 - 2\,AD \cdot AE \cos A$$
$$= OD^2 + OE^2 - 2\,OD \cdot OE \cos a$$
$$\therefore \quad 2\,OD \cdot OE \cos a$$
$$= (OD^2 - AD^2) + (OE^2 - AE^2) + 2\,AD \cdot AE \cos A$$
$$= OA^2 + OA^2 + 2\,AD \cdot AE \cos A$$
$$= 2\,OA^2 + 2\,AD \cdot AE \cos A$$

（∵　△ OAD，△ OAE は直角三角形）

$$\therefore \quad OD \cdot OE \cos a = OA^2 + AD \cdot AE \cos A$$
$$\therefore \quad \cos a = \frac{OA}{OE} \cdot \frac{OA}{OD} + \frac{AE}{OE} \cdot \frac{AD}{OD} \cos A$$
$$= \cos b \cdot \cos c + \sin b \cdot \sin c \cdot \cos A \qquad \blacksquare$$

アブ・ル・ワッファは，イラン生まれの天文学者であり，ディオファントスをはじめとする古代ギリシャの文献を翻訳し，アル・バッターニ同様，精密な正弦表の作成に腐心したが，彼は正割（sec），余割（cosec）の概念を導入している．ここで，正割，余割とは

$$\sec\theta = \frac{1}{\cos\theta} \text{（正割は } \cos\theta \text{ の逆数）}$$

$$\mathrm{cosec}\,\theta = \frac{1}{\sin\theta} \text{（余割は } \sin\theta \text{ の逆数）}$$

のように定義されるものである．

アル・バッターニもアブ・ル・ワッファも三角法を天文学のために研究したのだが，11世紀の後半になると，三角法それ自体を研究する学者も出現するようになる．その代表がセビリアの**ジャビル・イブン・アフラフ**やペルシャの**ナシル・アル・ディン**（1201～1274）と言われている．

ともあれ，「三角法」はインド，アラビアの中世を通して発達していくが，このアラビアの学問がヨーロッパ世界に伝えられるのは12世紀以降のことで，これは所謂「レコンキスタ（失地回復運動）」を契機として，である．

「レコンキスタ」とは，キリスト教徒たちが，8世紀以降イスラム教徒の手に落ちていたイベリア半島から，彼等を駆逐するために行った運動のことである．

この運動は771年に始まり1492年にグラナダが陥落することで終止符を打つが，この運動の過程でスペイン，ポルトガルの両王国が成立するのである．そして，ヨーロッパ人は，そのイベリア半島のちょうど中心の町トレドやコルドバで，自分たちが全く与り知らなかった，アラビア語に翻訳された古代ギリシャの文献やイスラムの学問世界に触れるのだ．後ウマイヤ朝のカリフ（＝マホメットの後継者）アブドゥル・ラハマーン3世（912～961在位）やその子アル・ハカム2世（961～976在位）の時代，首都コルドバの宮中図書館には60万巻の書が蔵されていたといわれる．これは優にヘレニズム時代のアレクサンドリアの70万冊に匹敵する数である．

「アラビアの学問がヨーロッパに紹介されるまで，西洋の幾何学は，紀元前600年頃のエジプト人の幾何学よりも優れていたとは言えない．中世の修道士たちは，三角形，長方形，円，角錐，および円錐の定義や，簡単な測定法のほかは，ほとんど知らなかった」とは，あのフロリアン・カジョリの言葉だ．

ヨーロッパがイスラム世界に接触する．「12 世紀ルネサンス」の始まりである．1120 年**アデラード**は，ユークリッドの『原論(ストイケイア)』をアラビラ語からラテン語に翻訳する．またアラビア最大の代数学者アル・フアリズミの天文表を翻訳する．

1175 年，クレモナの**ジェラルド**はトレドに赴き，『アルマゲスト』を翻訳する．ピサの天才と言われた**レオナルド**（＝フィボナッチ）（1170 ？ 〜 1250 ？）は，古代ギリシャの幾何学者たちの著作に親炙して，自分自身でも 1220 年『幾何学の実用』という本を著す．レオナルドと同時代のドイツの修道士**ヨルダヌス・ネモラリウス**は『三角形について』という本を公表する．

さらにまた，イギリスの大司教**ブラッドワーデン**（1290 ？ 〜 1349）は，無限と無限小の研究を行い，『思弁的幾何学』という本を著し，ヨーロッパで最初の三角法の書物を書いた．

「三角法」の集大成ともいうべき『三角法全書』を著して，後世に絶大な影響を与えた 15 世紀最大のドイツの数学者に**レギオモンタヌス**（1436 〜 1476）という人がいる．本名はヨーハン・ミュラーといい，「レギオモンタヌス」とは，彼の生誕の地ケーニヒスベルグのラテン語訳である．

彼は，当時の天文学，三角法の大家であったウィーン大学の教授プールバッハのもとで学び，その後ヨーロッパ各地の大学で講義をし，晩年にはローマ法王にも招来されて暦法の改正にも従事している．レギオモンタヌスの特筆すべき第一の仕事は，精密な「正弦表」を作成したことである．

インドでは，この当時までに，半径をおよそ 3 千 5 百等分して正弦（sin）の値を計算していたと言われているが，レギオモンタヌスは，はじめは 60 万等分，さらには 1 千万（！）等分して精緻極まりない正弦表を作った．これは，当時の天文学，航海術，測量術に計り知れないほど大きな貢献をした．

レギオモンタヌスは，この書物の序論で，正弦を次のように定義している．すなわち，

直角三角形 ABC の斜辺 AB を半径とし，A を中心とする円を考え AC の延長が円周と交わる点を D とするとき，線分 BC を円弧 $\overset{\frown}{\mathrm{BD}}$ の

正弦 (sinus)

という．

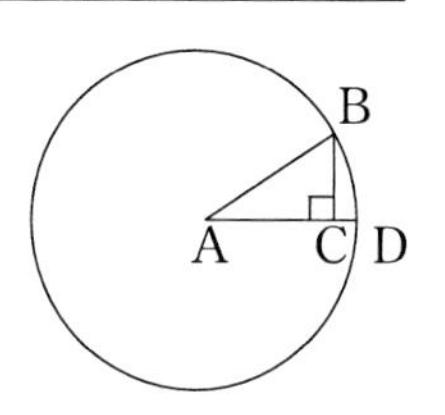

そして，高校数学ではよく知られている，正弦定理；

$$\frac{a}{\sin A}=\frac{b}{\sin B}=\frac{c}{\sin C}$$

を次のように証明したと言われている．

《レギオモンタヌスの正弦定理の証明》

右図において

$\mathrm{DH}=\sin B$,　$\mathrm{AK}=\sin C$

であるから

$\mathrm{AB}:\mathrm{AC}$

$=\mathrm{AB}:\mathrm{BD}$　($\because$　$\mathrm{AC}=\mathrm{BD}=1$)

$=\mathrm{AK}:\mathrm{DH}$

$=\sin C:\sin B$

$\therefore$　$\dfrac{\mathrm{AB}}{\sin C}=\dfrac{\mathrm{AC}}{\sin B}$

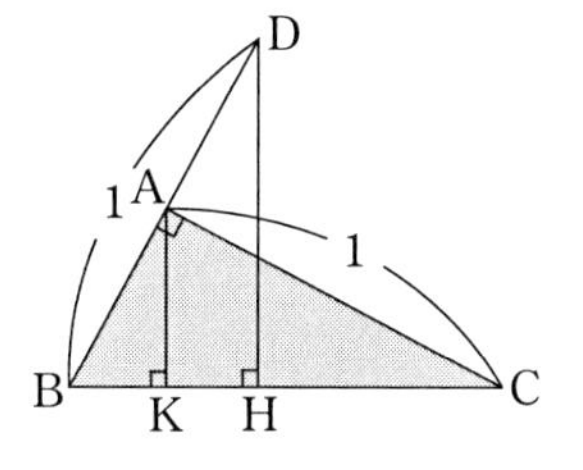

6-3 弧度法とπ

さて，これから私たちは，レギオモンタヌスの正弦の定義を手掛かりにして，いわゆる「弧度法」といわれる「角の大きさ」の表し方を考える．レギオモンタヌスの定義で気になるのは，

「BCを円弧$\overset{\frown}{BD}$の正弦という」

というところで，彼は，結果的に

線分BCの長さを円弧$\overset{\frown}{BD}$の長さの関数

と捉えているのだ．もちろん，彼は「関数」という概念を自覚していたわけではない．しかし，ここで大切なことは「線分BCの長さが，円弧$\overset{\frown}{BD}$の長さによって決まる」というところなのである．

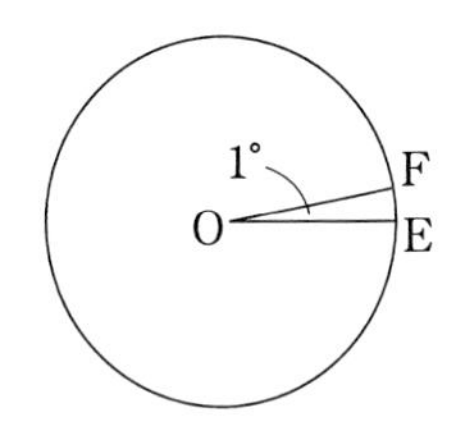

私たちは，右図のように通常円周を360等分して，∠EOFを1°として角の大きさを測る．

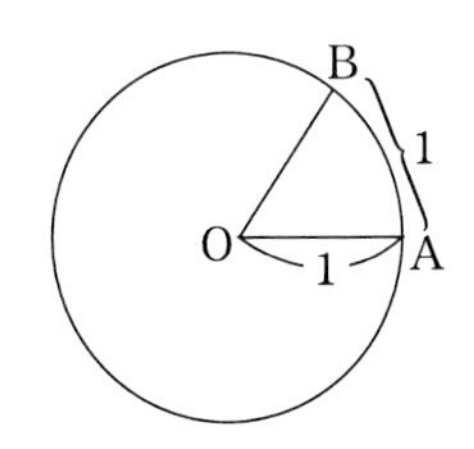

だが，これからは，半径1の円(これを単位円という)の円弧の長さで角の大きさを表すことにしよう．すなわち，長さ1の線分OA(=円の半径)を図のように単位円に巻き付け，$\overset{\frown}{AB}$のようになったとき，∠AOBの大きさを「1(ラジアン)」という

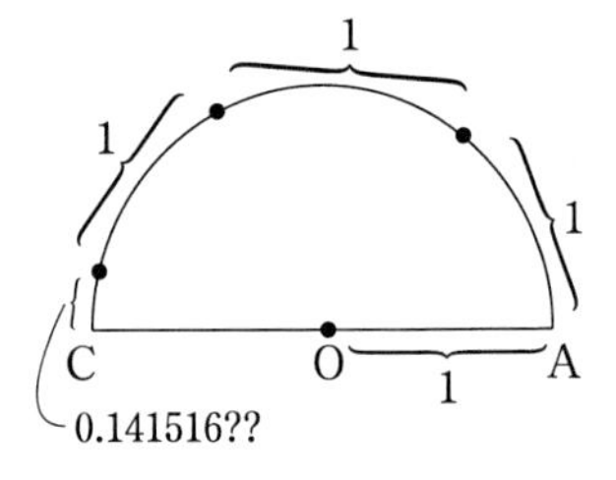

ことにするのだ.

そこで，問題になるのが，単位円の半径OA(＝1)の長さに対して，半円の弧 $\overset{\frown}{AC}$ の長さということになる．これが，よく知られた値

3.141516…………

である．これは円周の長さが直径の何倍かを表しているので「**円周率**」とも呼ばれるが，私たちはいまそのような理解の仕方をしないでおこう．この値は，**要するに半径1の単位円における半円の弧 $\overset{\frown}{AC}$ の長さ**なのである.

この,「3.141516………」の小数点以下の数列はどこまでも続く無限小数であり，しかも循環することもない．そこで私たちはこの数を「π（パイ）」と書くことにする.

いや，もっとはっきり言えば「三角関数」という一般的な概念を導入するにあたって，もう角度という概念は捨てた方がいいのである.

高校時代に,「60分法(度，分，秒を単位とする角の大きさの測り方)」による角度の表し方と，いわゆるラジアンを用いる「弧度法」による角度の表し方の両方を提示されて戸惑った人がかなりいるだろう．しかし，本書では，これから三角関数を考えるにあたって，それが角度の関数であるという考え方はとらない．もちろん,「三角関数」が，角度に全面的に依存した概念である「三角比または三角法」から生まれてきていることを否定するものではない．だが，繰り返すが，私たちは三角関数を導入するにあたって，もう「角度」とは縁切れた方がいいのである.

レギオモンタヌスの定義を思い出そう．「**線分BCの長さは円弧 $\overset{\frown}{BD}$ の長さの関数**」であったのだ.

ここで，次のような問題を考えておこう．いま，右図のように弧 $\overset{\frown}{\mathrm{BD}}$ の長さを x とする．このとき，弦半分BCの長さは $\sin x$ となるが，x を限りなく0に近づける，すなわち点Bがどんどん点Dに近づくと，

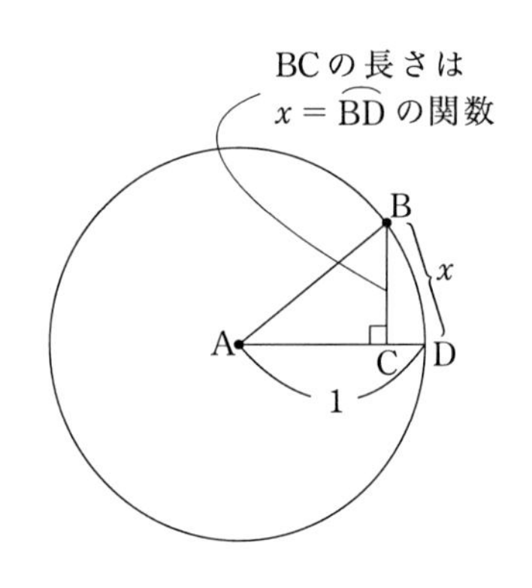

$$\frac{\mathrm{BC}}{\overset{\frown}{\mathrm{BD}}}=\frac{\sin x}{x}$$

の値は一体どうなるか．

直感的に明らかなように，点Bが点Dにどんどん近づくと弧 $\overset{\frown}{\mathrm{BD}}$ の長さと弦半分BCの長さはほとんど一致する．したがって，

$$\lim_{x\to 0}\frac{\sin x}{x}=\lim_{\mathrm{B}\to\mathrm{D}}\frac{\mathrm{BC}}{\overset{\frown}{\mathrm{BD}}}=1$$

が成り立つのだ．私たちは，これをキチンとした証明なしに認めることにする．これは，第9章の三角関数の微分で大切になってくる極限値であるので，よく頭に入れておきたい．

ところで，「π」はギリシャ語の $\pi\varepsilon\rho\iota o\delta o\varsigma$（周囲）という言葉に由来するが，“$\pi\varepsilon\rho\iota$-”とは「まわり一面に」とか「ぐるりと一回りして」といった意味をもつ接頭語である．円周率に π を初めて用いたのはイギリスの数学者**ジョーンズ**（1675 ～ 1740）と言われているが，この用法が定着するのはオイラー以降である．

「π」を小数第何位まで計算した，という話題が現在でも数年に一度は新聞紙上を賑わすが，すでに古代エジプトのリンド・パピルスには，π として $\left(\frac{4}{3}\right)^4$ $(=3.16049\cdots\cdots)$ という値が用いられ

ていたという記録がある．

古代ギリシャにおいては，**アルキメデス**が円に内接する正96角形を利用して，

$$3+\frac{10}{71}=3.1408\cdots\cdots<\pi<3+\frac{1}{7}=3.1428$$

を示し，シナでは宋の**祖沖之**（そちゅうし）(430 〜 501)が，

$$3.1415926<\pi<3.1415927$$

と，当時としては驚くべき正確さで π を評価している．

それから1000年余りは π の評価については見るべきものはないが，16世紀のドイツに正 2^{62} (＝4611686018427387904)角形を利用して π を35桁まで正確に求めた数学者がいる．**ルドルフ・ファン・ケーレン** (1540 〜 1610) という人で，ドイツでは円周率を現在でも「ルドルフ数」と呼んでいる．

18世紀に入ると**マチン** (1680 〜 1757) が新しい公式を利用して100桁まで計算し，日本でも関孝和の弟子の**松永良弼**（まつながよしすけ）という和算家が50桁まで求めている．

19世紀には**シャンクス** (1812 〜 1882) という人がマチンの方法を用いて707桁まで求めたが，手計算によるのはこのあたりまでであり，20世紀に入るとコンピュータが登場する．

ゲーム理論や電子計算機の生みの親であるフォン・ノイマン (1903 〜 1957) は，1949年に2035桁まで計算したが，その後はコンピュータの改良とともにその記録は次々に更新され，1988年には2億桁，1989年には10億桁までが計算されたという．

いやはや，人間の限りない露な欲望が桁数に反映されているようで，なんとも凄まじい話ではある．

6-4　πとブローエルの構成主義

凄まじい話のついでに，もう一つπにまつわる凄まじい話を紹介してみる．

第2章の2－4で，実数の特徴として，2つの実数a, bの間には，

$$a=b,\ \ a<b,\ \ a>b$$

のいずれかが必ず成り立つと述べた．しかし，ブローエルのような構成主義者(あるいは直観主義者)たちはこれを認めない，とも述べておいた．一体，それはどういうことなのか．ブローエルの有名な例を少し脚色して述べてみる．

いま，実数xに対して命題関数$\mathrm{P}(x)$を

$\mathrm{P}(x)$：xを小数展開したとき0が100回連続して現れる

としておく．このとき，

命題$\mathrm{P}(\pi)$は真か偽か？

という問題を考えよう．つまり，「πを小数展開したとき0が連続して100回現れるか？」という問いである．そしてこの命題$\mathrm{P}(\pi)$の真偽をもとにして，実数を次のように定めてみよう．

(i)命題$\mathrm{P}(\pi)$が偽のとき，

すなわち「πを小数展開したとき0が100回続く系列がまったく出現しない」とき

$$\xi=\pi$$

(ii)命題Pが真のとき，

πを小数展開したものを

$$\pi=3.1415\cdots\cdots*\underbrace{000\cdots00}_{100\text{個}}\cdots\cdots\quad(*\neq0)$$

とし，小数第n位から0が100個連続して出現するとする．こ

のとき

n が奇数ならば，

$\xi = 3.1415\cdots\cdots *$（小数第 n 位以下を切り捨て）

n が偶数ならば，

$\xi = 3.1415\cdots\cdots *1$（小数第 n 位の 0 を 1 に換え，以下は切り捨て）

このようにして，実数 ξ を定めれば，ξ は π に等しいか，π に極めて近い値になる．

さて，上のように決められた実数 ξ と π との間に，

$$\xi = \pi,\ \xi < \pi,\ \xi > \pi$$

のいずれが成り立つのであろうか？ これが，いま私たちに提起されている問題なのである．

ここで注意しておきたいのは，命題関数 P(x) における「0」が「100 回」ということに特に他意はない，ということだ．最近では，π の小数位 70 億桁まで計算されたと言われているが，現在までのところ，0 が 100 個続く系列は発見されてはいない．もし，「明日」発見されれば，P(x) の「0」を「1」に換え，「100 回」を「1000 回」として新しい命題関数を作ればよい．

また，いま私たちは $x = \pi$ として命題 P(π) を考えているが，実は x は $\sqrt{2}$ でも e でもよい．ここで問題なのは，実数 x に関して，今後未来永劫にわたって解決されそうにもない問題が存在する，ということである．

さて，「$\xi = \pi$，$\xi < \pi$，$\xi > \pi$ のいずれが成り立つか？」――これにこたえるには，言うまでもなく「π」を必要なだけ小数展開して命題 P(π) の真偽を見極める必要がある．

普通の数学者は，命題 P に対して「P またはその否定である $\bar{\mathrm{P}}$ いずれか一方が真で他方が偽である」という「排中律」を認めて

いるから，当然命題 P(π) の真偽を判断できると考え，π と ξ の大小関係は決定できると判断する．

しかし，構成主義者であるブローエルはそうは考えない．『数学的経験（The Mathematical Experience）』の著者 P.J. デービスと R. ヘルシュは，構成主義者たちの考え方を次のように説明する．—「構成主義者は同意しない．彼はこの場合には排中律はあてはまらないと主張する．命題 P(π) かその否定命題 $\overline{\mathrm{P}(\pi)}$ のいずれかが真であるという信念は，π の小数展開が完結した対象としてすでに存在しているという考えに由来する．しかし，これは誤りである．存在しているのは，あるいは私たちが構成法を熟知しているのは，π の小数展開の有限部分だけである」と．

命題 P(π) の真偽を決定するためには，π の小数展開が自己完結していることを前提しなければならないが，ブローエルは，それは不可能であり，この場合「排中律」は成立しないと主張するのである．

かくして，デービスとヘルシュによれば「構成主義者の議論」は「$\xi=\pi$，$\xi<\pi$，$\xi>\pi$」のいずれも真ではなく，「誰かがこの 3 つのうちのどれが事実であるかを決定したときに初めて決まるのであり，それまではそのどれでもない」ことになるのだ．そしてまたこれまでの議論からも分かるように「数学的真理は時間に依存するものとなり，それは特定の生きた数学者の意識には依存しないとはいえ，主観的なものとなる」というのだ．

ごく普通の大部分の数学者たちは，ブローエルの上のような議論を面倒で煩わしいものに感じている．彼等は，2 つの実数 a, b の間に，

$$a=b,\ \ a<b,\ \ a>b$$

のいずれかが成り立ち，確定するという原理を放棄することはな

い．

「行き掛けの駄賃」ということで，構成主義者あるいは直観主義者たちのもう一つの面白い主張を紹介しよう．それは，古典解析学では成立する「上に有界な単調増加数列はある実数 α に収束する」すなわち

$$a_0 \leqq a_1 \leqq a_2 \leqq \cdots\cdots \leqq a_n \leqq \cdots\cdots \leqq M$$

となる実数 M が存在すれば

$$\lim_{n \to \infty} a_n = \alpha$$

という定理を，構成主義者たちは認めないのである．

私はこのことを，竹内外史氏の『直観主義的集合論』という本で知ったが，なぜ彼等がこの定理を認めないかの説明を読んで，実は我意を得たりと思ったのである．それは，こういうことである．

私が高校生の頃にはこの定理はごく普通の参考書に出ていたし，これを利用して漸化式で与えられた数列の極限を求めたものである．しかし，私自身はこの定理に何か釈然としないものを感じ奇妙な違和感を持ち続けていた．

なぜなら，その数列が単調に増加し，任意の n に対して「$a_n \leqq 2$」のように上に有界であったとしても，その数列の全系列を調べ上げるには無限の時間がかかり，その数列がたとえば「1」に収束すると見えても，その数列の観察者の私自身が死んだ後に，その「1」を超えて「1.5」のような別の値に収束するかもしれないではないか，などと考えたからである．

竹内外史氏は，このあたりの事情を次のように分かり易く説明されている．少々長くなるが引用してみる．

まず，数列 a_0，a_1，…… というのは最初の有限個はいくらでも

与えられていると考えることができますが（各々の a_i はまた数列で，その数列の作り方が与えられていても実数 a_i の構成には無限の時間がかかるものですが，作り方が与えられているという意味で与えられていると考えます），数列全体の構成は永遠の時間がかかる，即ちいつまでいっても終わることがありません．さてこの数列の極限が存在するとはどういうことでしょうか？　我々の直観主義的（構成主義的）考え方では極限を作る作り方を与えることが出来るということを意味します．さて，このような作り方がないことを説明します．いま

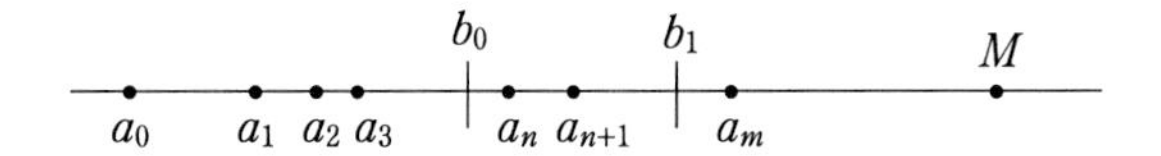

a_0，a_1，…… が図のように与えられているとします．順々に追って行きますとどうみても b_0 に収束するように見えます．もし，数列がこのまま b_0 に収束して極限が b_0 と簡単にツカマッテしまうのは馬鹿な数列です．利口な数列はそんな馬鹿なことはしません．もう b_0 に収束するに決まっているとみんなが思う頃に a_n へと b_0 を超えてジャンプします．それからまた今度は b_1 に収束することに決まっていると信じ込むくらいになって b_1 を超えて a_m へとジャンプします．この例から a_0，a_1，…… と有限個しか（しかもその近似しか）与えられない状態で a_0，a_1，…… の極限の近似を計算する方法を与えることが不可能であることはよく分かると思います．

上の説明で「各々の a_i はまた数列で，その数列の作り方が与えられていても実数 a_i の構成には無限の時間がかかるものですが，」とあるが，これはたとえば a_i 自身が「非循環小数」であるような場合を想起し，これを 10 進法展開してみるような状況を考

えれば「実数 a_i の構成には無限の時間がかかるものですが」というコメントも納得できるだろう．

ごく一般的には，数学的命題はたとえば「π の小数展開が完結した対象としてすでに存在している」という，生身の人間の有限な生を超越した所に立脚して述べられる．はっきり言えば，これはあのイデアの哲学者プラトンの視点とも言うべきだろうが，ブローエルのような直観主義者（構成主義者）たちは，数学におけるそうした視座に「待った」をかけたのである．

6-5　三角関数の定義

私たちはこれまで，「1次関数や2次関数」あるいは「指数関数」，「対数関数」といったものを考えてきたが，これは左右に無限に伸びた数直線上の実数を，ある規則によって，ある実数に対応させる「関数」と考えておけばいい．

それは，いわば歴史が限りない過去から限りない未来に向かって進むという「linear（直線的）」な世界観を持っている「西洋的な関数」と言うこともできるのかもしれない．

これに対して「三角関数」というのは，今述べてきたような真直ぐに伸びた一本の直線の上で定められている関数ではない．それは，その経路に沿って進んで行けば再びはじめに戻る円周上で定義された関数なのである．

とすれば，「周期」をもつ「三角関数」は，「輪廻転生」をその中核とする仏教思想を反映した「東洋的な関数」とも言い得られるだろう．実際，三角関数の前身ともいうべき「三角法」は，ヨーロッパではなく，これまで見てきた通りインド・アラビアで発達してきたのである．もちろん，こんな言い方をしたからといって，この二種の関数は水と油ではない．これについては，また後ほど述べよう．

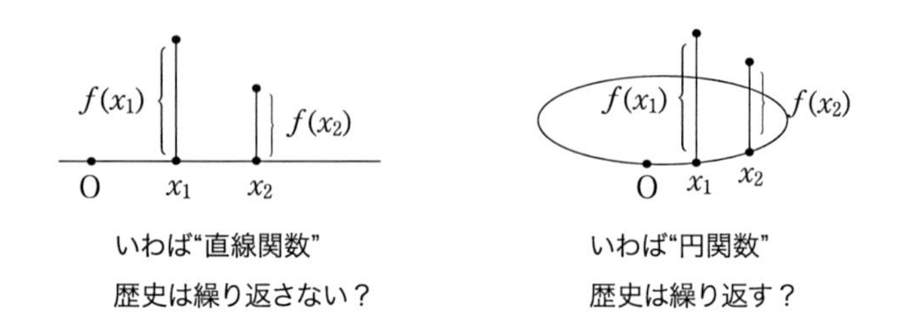

読者の中には，「三角関数」という言葉を聞いただけで，高校時代のいやな思い出が蘇ってくる人があるかもしれない．とにかくいろいろな公式があって，それを覚えるのに苦労したにちがいない．公式暗記のために塾や予備校で妙な語呂合わせを習った人もいるだろう．

三角関数で頭に入れておくべきことは，極言すれば二つしかない．それは，「三角関数の定義」と「加法定理」とである．

以下に簡単に説明しておこう．

[定義]

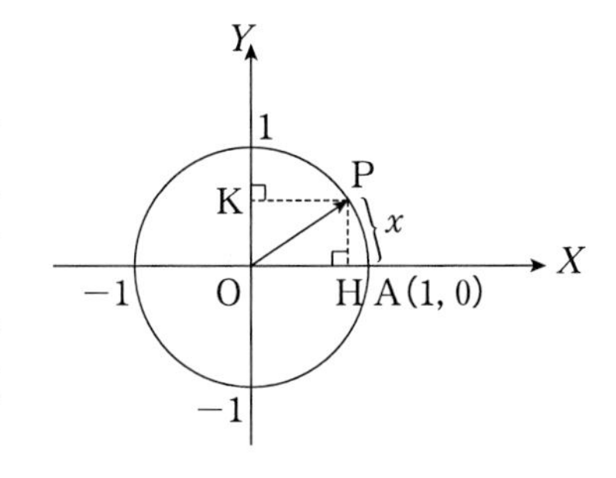

右図のような原点Oを中心とする半径1の円(単位円)を考え，円周上に点PをとりPからX軸，Y軸に下した垂線の足をそれぞれH, Kとし，いま円弧$\overset{\frown}{AP}$の長さをxとする．

このとき，

符号付の OK の長さ

（$=\overrightarrow{\mathrm{OP}}$ の Y 軸への正射影の長さ）を $\sin(x)$

符号付の OH の長さ

（$=\overrightarrow{\mathrm{OP}}$ の X 軸への正射影の長さ）を $\cos(x)$

という．つまり「sin」は，円弧 $\overset{\frown}{\mathrm{AP}}$ の長さ x を，符号付の OK の長さに対応させる「関数」であり，「cos」は円弧 $\overset{\frown}{\mathrm{AP}}$ の長さ x を符号付の OH の長さに対応させる「関数」にほかならない．なお，ここで，「$\overrightarrow{\mathrm{OP}}$」というベクトルが登場したが，このベクトルについては第7章を参照していただきたい．

上の定義では，それを強調する意味で $f(x)$ という記法に倣って，$\sin(x)$, $\cos(x)$ のように独立変数 x を括弧で括って書いたが，ふつうは括弧を省略して，「$\sin x$, $\cos x$」のように記す．

また，上の定義で「符号付」といっているのは，

$\overrightarrow{\mathrm{OK}}$（有向線分）が上向きならば＋，下向きならば －

$\overrightarrow{\mathrm{OH}}$（有向線分）が右向きならば＋，左向きならば －

になる，という意味である．

なお，$\mathrm{OK}^2+\mathrm{OH}^2=1$（ピタゴラスの定理）だから

$$\sin^2 x+\cos^2 x=1$$

が成り立つこともここで指摘しておこう．

いま円弧 $\overset{\frown}{\mathrm{AP}}$ の長さを x としたが，点 P が点 A を出発して反時計回りに1回転すると，点 P は $2\pi(2\times3.14\cdots\cdots)$ だけ移動したことになるので，点 P が点 A を出発して反時計回りに1回転して図のような位置にあると考えると，

$$\overset{\frown}{\mathrm{AP}}=x+2\pi$$

ということになり，時計回りに1回転して図のような位置にあると見立てると，

$$\overset{\frown}{\mathrm{AP}}=x-2\pi$$

となる．

一般に，n 回転（n は整数）して図のような位置にあると考えるならば，

$$\overset{\frown}{\mathrm{AP}}=x+2n\pi$$

となり，sin, cos の定義から

$$\sin(x+2n\pi)=\sin x, \quad \cos(x+2n\pi)=\cos x$$

が成り立つ．これは要するに，sin も cos も 2π ごとに同じ値が現れるということで，この 2π を「**周期**」という．

上の定義を踏まえた上で，$y=\sin x$ と $y=\cos x$ のグラフを描くと下図のようになる．

$y=\sin x$ のグラフ

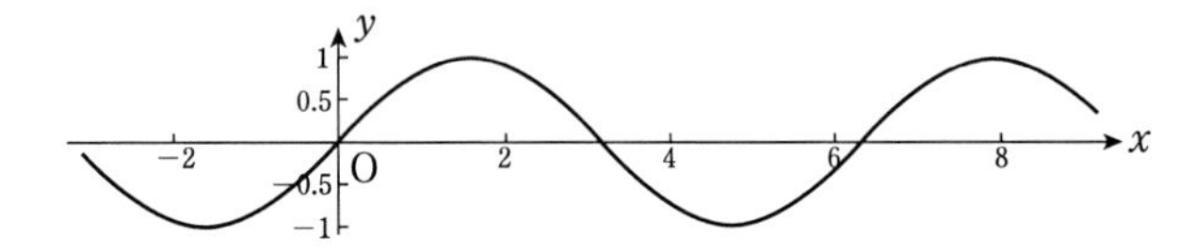

$y=\cos x$ のグラフ

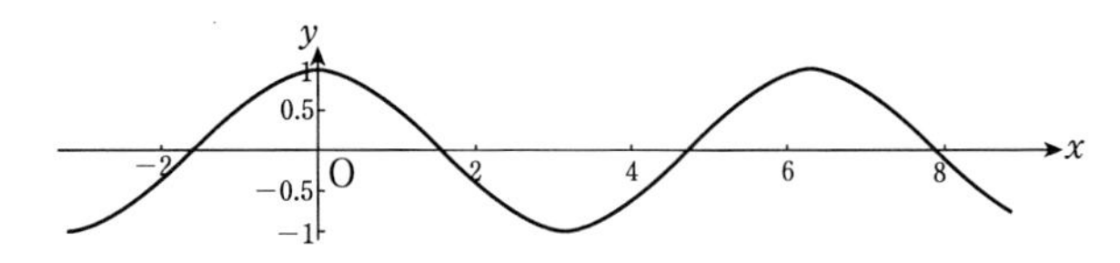

さらにこれらのグラフから「$y=\sin x$ のグラフを x 軸方向に π または $-\pi$ だけ平行移動すると $y=-\sin x$ のグラフと一致」することや，また「$y=\sin x$ のグラフを，x 軸方向に $\frac{\pi}{2}$ だけ平

行移動すると $y=-\cos x$ のグラフと一致，x 軸方向に $-\frac{\pi}{2}$ だけ平行移動すると $y=\cos x$ のグラフと一致」することなどが分かり，

$$\text{(i)}\quad \sin(x-\pi)=-\sin x, \quad \sin(x+\pi)=-\sin x$$
$$\text{(ii)}\quad \sin\left(x-\frac{\pi}{2}\right)=-\cos x, \quad \sin\left(x+\frac{\pi}{2}\right)=\cos x$$

のような関係式も得られる．同様に考えれば

$$\text{(iii)}\quad \cos(x-\pi)=-\cos x, \quad \cos(x+\pi)=-\cos x$$
$$\text{(iv)}\quad \cos\left(x-\frac{\pi}{2}\right)=\sin x, \quad \cos\left(x+\frac{\pi}{2}\right)=-\sin x$$

という関係式も直ちに得られることが了解できるだろう．

6-6　加法定理とその派生公式

[加法定理]

指数関数 $f(x)=a^x$ においては，

$$f(r+s)=f(r)f(s)$$

が成り立つことを確認したが，この関係式に相当するのが三角関数における加法定理であり，いま

$$f(x)=\sin x, \quad g(x)=\cos x$$

とおくと，

$$f(\alpha+\beta)=f(\alpha)g(\beta)+g(\alpha)f(\beta)$$
$$g(\alpha+\beta)=g(\alpha)g(\beta)-f(\alpha)f(\beta)$$

が成り立つ．すなわち

$$\sin(\alpha+\beta)=\sin\alpha\cos\beta+\cos\alpha\sin\beta$$

$$\cos(\alpha+\beta)=\cos\alpha\cos\beta-\sin\alpha\sin\beta$$

が成立するのである.

この定理の証明法はいろいろあるが，ここではベクトルを用いた簡単な証明を紹介してみよう.

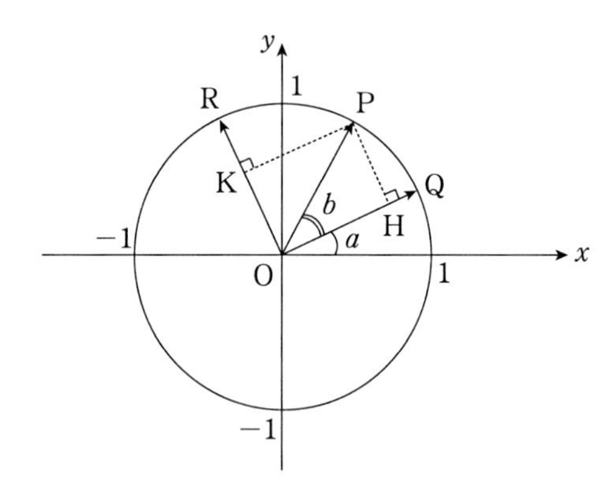

各点と α, β を上図のように定めておくと,

$$\overrightarrow{\mathrm{OP}}=\overrightarrow{\mathrm{OH}}+\overrightarrow{\mathrm{OK}}=(\cos\beta)\overrightarrow{\mathrm{OQ}}+(\sin\beta)\overrightarrow{\mathrm{OR}}$$

ここで, [定義]で紹介した(ii), (iv)の公式などを用いると

$$\overrightarrow{\mathrm{OP}}=\begin{pmatrix}\cos(\alpha+\beta)\\ \sin(\alpha+\beta)\end{pmatrix},\ \overrightarrow{\mathrm{OQ}}=\begin{pmatrix}\cos\alpha\\ \sin\alpha\end{pmatrix},\ \overrightarrow{\mathrm{OR}}=\begin{pmatrix}\cos\left(\alpha+\frac{\pi}{2}\right)\\ \sin\left(\alpha+\frac{\pi}{2}\right)\end{pmatrix}=\begin{pmatrix}-\sin\alpha\\ \cos\alpha\end{pmatrix}$$

であるから，これらを上式に代入して,

$$\begin{pmatrix}\cos(\alpha+\beta)\\ \sin(\alpha+\beta)\end{pmatrix}=(\cos\beta)\begin{pmatrix}\cos\alpha\\ \sin\alpha\end{pmatrix}+(\sin\beta)\begin{pmatrix}-\sin\alpha\\ \cos\alpha\end{pmatrix}$$

$$\therefore\ \begin{pmatrix}\cos(\alpha+\beta)\\ \sin(\alpha+\beta)\end{pmatrix}=\begin{pmatrix}\cos\alpha\cos\beta\\ \sin\alpha\cos\beta\end{pmatrix}+\begin{pmatrix}-\sin\alpha\sin\beta\\ \cos\alpha\sin\beta\end{pmatrix}$$

両辺の y 成分，x 成分を比較して,

$$\sin(\alpha+\beta)=\sin\alpha\cos\beta+\cos\alpha\sin\beta \quad \cdots\cdots\cdots①$$
$$\cos(\alpha+\beta)=\cos\alpha\cos\beta-\sin\alpha\sin\beta \quad \cdots\cdots\cdots②$$

となる．

また①，②において，β を $-\beta$ で置き換えて，

$$\sin(-x)=-\sin x, \quad \cos(-x)=\cos x$$

に注意する（この関係式はグラフから分かるだろう）と，

$$\sin(\alpha-\beta)=\sin\alpha\cos\beta-\cos\alpha\sin\beta \quad \cdots\cdots\cdots③$$
$$\cos(\alpha-\beta)=\cos\alpha\cos\beta+\sin\alpha\sin\beta \quad \cdots\cdots\cdots④$$

が得られる．

これらの4つの関係式からは，いろいろな派生公式が得られる．たとえば，①で $\beta=\alpha$ とすると，

$$\sin 2\alpha=2\sin\alpha\cos\alpha$$

が得られ，②で $\beta=\alpha$ として，$\cos^2\alpha+\sin^2\alpha=1$ を用いると，

$$\begin{aligned}\cos 2\alpha &= \cos^2\alpha-\sin^2\alpha \\ &= (1-\sin^2\alpha)-\sin^2\alpha=1-2\sin^2\alpha \\ &= \cos^2\alpha-(1-\cos^2\alpha)=2\cos^2\alpha-1\end{aligned}$$

といった関係式も得られる．これらは，「**2倍角の公式**」「**半角公式**」などと呼ばれているが，いまは加法定理からこういう公式が導けることを納得していただければそれで十分である．

さらに，

①＋③を考えて，$\sin(\alpha+\beta)+\sin(\alpha-\beta)=2\sin\alpha\cos\beta$　…⑤

①－③を考えて，$\sin(\alpha+\beta)-\sin(\alpha-\beta)=2\cos\alpha\sin\beta$　…⑥

②＋④を考えて，$\cos(\alpha+\beta)+\cos(\alpha-\beta)=2\cos\alpha\cos\beta$　…⑦

②－④を考えて，$\cos(\alpha+\beta)-\cos(\alpha-\beta)=-2\sin\alpha\sin\beta$　…⑧

が導けて，これらの両辺を2で割ると，

$$\sin\alpha\cos\beta=\frac{1}{2}\{\sin(\alpha+\beta)+\sin(\alpha-\beta)\}$$

$$\cos\alpha\sin\beta=\frac{1}{2}\{\sin(\alpha+\beta)-\sin(\alpha-\beta)\}$$

$$\cos\alpha\cos\beta=\frac{1}{2}\{\cos(\alpha+\beta)+\cos(\alpha-\beta)\}$$

$$\sin\alpha\sin\beta=-\frac{1}{2}\{\cos(\alpha+\beta)-\cos(\alpha-\beta)\}$$

という，所謂「**積和の公式**（積を和または差の形に変形するための公式）」が得られ，さらにまた

$$A=\alpha+\beta,\quad B=\alpha-\beta$$

とおくと，

$$\alpha=\frac{A+B}{2},\quad \beta=\frac{A-B}{2}$$

であるから，⑤〜⑧より順次

$$\sin A+\sin B=2\sin\frac{A+B}{2}\cos\frac{A-B}{2}$$

$$\sin A-\sin B=2\cos\frac{A+B}{2}\sin\frac{A-B}{2}$$

$$\cos A+\cos B=2\cos\frac{A+B}{2}\cos\frac{A-B}{2}$$

$$\cos A-\cos B=-2\sin\frac{A+B}{2}\sin\frac{A-B}{2}$$

が得られる．これらは「**和積の公式**（和または差を積の形に変形するための公式）」と呼ばれている．

ここまで読まれてきた読者の中には，もううんざり，という方もいるだろう．だから，高校時代の「三角関数」は嫌いだったのだ，とイヤな記憶を反芻した人もいるかもしれない．それはもっともなことで，こんな公式がすらすらと出てくるのは，解析学の

専門家や高校・予備校の数学教師，それに理系の大学受験生くらいであろう．

学生時代，代数学の講義を聴いていたとき，「和積の公式」を使う場面に直面したのはいいが，担当講師がその公式を忘れてしまい，「ちょっと，忘れてしまいました」と言いながら，加法定理から計算して導いたのを見たことがある．世間で「数学の専門家」と思われている人にして，こうなのである．

いや，これで悪くはないのだ．「三角関数の公式」なんて恐れることはない．この本は，「数学のおべんきょうの本，大学受験参考書」ではない．いま大切なことは，「定義」から論理的な流れに沿って考えていけば「加法定理」が導け，さらにそれを利用すると「2倍角の公式，半角の公式，積和公式，和積公式」といったものが導けるということを納得してもらうことである．

余談になるが，受験生を教えていていつも気になるのは，三角関数の公式を覚えている(丸暗記している)にもかかわらず，三角関数の定義から一連の公式を導けない受験生が余りにも多いことである．彼等は，往々にして論理的な連関性には無関心であるが，この盲点を突いた次のような問題が，'99年の東大で出題されている．

(1) 一般角 θ に対して $\sin\theta$, $\cos\theta$ の定義を述べよ．

(2) (1)で述べた定義にもとづき，一般角 α, β に対して

$$\sin(\alpha+\beta)=\sin\alpha\cos\beta+\cos\alpha\sin\beta,$$

$$\cos(\alpha+\beta)=\cos\alpha\cos\beta-\sin\alpha\sin\beta$$

を証明せよ．

簡単に見えて，なかなかむずかしい問題だと思うが，あなたはどう感じるだろうか．

第7章 ベクトルについて

7-1 ベクトル小話

複素数の説明に入る前に，ここで少しばかり「ベクトル」について述べておきたい．なぜなら，「複素数」とはある意味で「平面ベクトル」に他ならないからであり，実際，ベクトルの概念はノルウェーの測量技師**ウェッセル**（Wessel, 1745～1818）が，1799年に複素数を「方向をもつ量」，すなわち「ベクトル量」として認識してから確立されていった．

その後，ギブス（Gibbs, 1839～1903）やヘヴィサイド（Heaviside, 1850～1925）などの物理学者によって，ベクトルの計算法は研究され，今日の形に至る．

もっとも，そのベクトル概念の萌芽は，天体の運動や航海術に関連してすでにルネッサンス期に見られ，2つの運動を図Ⅰのように2本の矢線で表した場合，この2つを合成した運動は，その矢線を隣り合う2辺とする平行四辺形の対角線の方向になる，といういわゆる「ベクトルの合成法則」は，オランダのステヴィン（Stevin, 1548～1620）やイタリアのガリレイ（Galilei, 1564～1642）などによって発見され，ニュートンに到ってこの

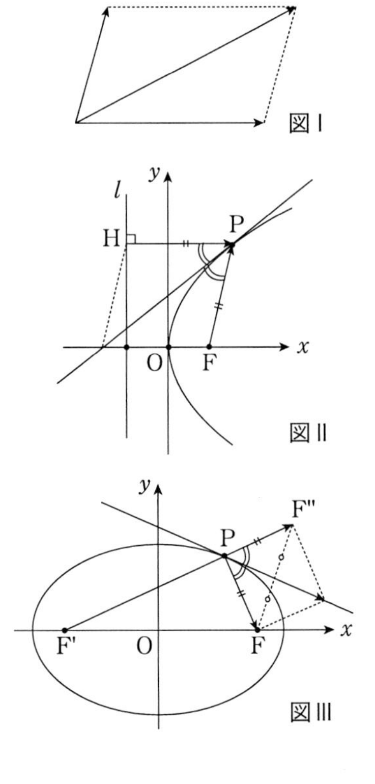

図Ⅰ
図Ⅱ
図Ⅲ

法則は，確固たる「法則」として確立される．

また，トリチェリ（Torriceli, 1608～1647）やロベルヴァール（Roberval, 1602～1675）などは，放物線や楕円上の点Pの運動を考察し，ベクトル的な考え方から，点Pにおける接線を導いている．

たとえば，図IIのような焦点Fと準線 l をもつ放物線を考え，この放物線上の点Pから準線に下した垂線の足をHとすると，「FP＝HPであるから，点Fと点HからはPに同じ大きさの力が働くはずだ」として，その運動方向は $\overrightarrow{FP}$ と $\overrightarrow{HP}$ の合成された方向，すなわちPFとPHとを隣り合う2辺とする平行四辺形（この場合は菱形になる）の対角線の方向であるとしたのである．そして，∠FPHを2等分するこの対角線が，点Pにおける放物線の接線であることも了解したというわけである．

同様に，図IIIのような2焦点F, F′をもつ楕円上の点Pにおける接線も“運動学”的に決定している．すなわち，「点Pは焦点から引っ張られ，他方の焦点からは斥力を被り，その力の大きさは等しいはずだ」として，その運動方向は $\overrightarrow{PF}$ と $\overrightarrow{PF''}$ の合成された方向であるとした．そして，∠FPF″の2等分線が，点Pにおける楕円の接線であることを理解したのだ．またこの結果を用いると，一方の焦点から出た光が，楕円で反射して他方の焦点に向かって進むことも容易に分かる．

ともあれ，力や運動の記述こそベクトル概念の母胎であった．

7-2　矢線としてのベクトル

ベクトル（vector）とは何か，これから少しこの問題について，数学的に解説しておこう．

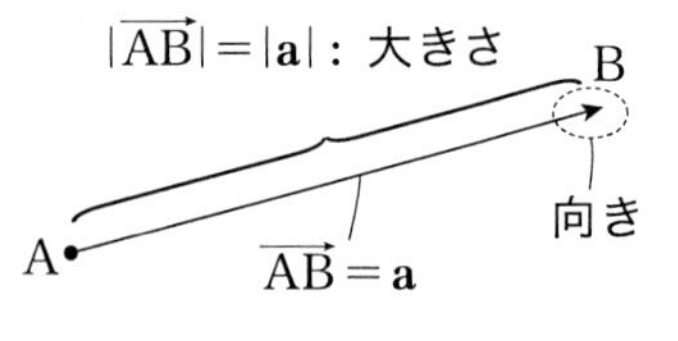

端的に言えば，ベクトルとは右図のような「矢線，有向線分」であり，これは「向きと大きさを持った量」である．ここで，ベクトルの「大きさ」とは矢線の長さに他ならない．

私たちはこの矢線を

$$\overrightarrow{AB},\ \mathbf{a}$$

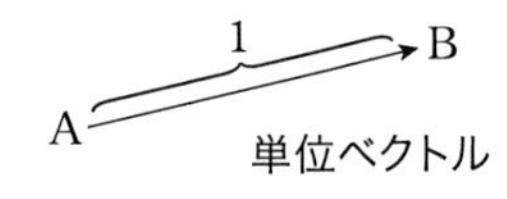

のような記号で表し，その大きさを，

$$|\overrightarrow{AB}|,\ |\mathbf{a}|$$

で表す．ちなみに，正の実数のように，大きさだけで決まる量を「**スカラー**(scalar)」というが，$|\overrightarrow{AB}|$ はスカラー量である．また，$|\overrightarrow{AB}| = 1$ のベクトル $\overrightarrow{AB}$ を「**単位ベクトル**」という．

次に，数どうしの間に「相等や四則演算」を考えたように，私たちはベクトルの間に「相等や加法・減法や実数倍」といったものをごく常識的に定義する．ただし，ベクトルの割り算は考えない．

以下のようになる．

(1)ベクトルの相等

$$\overrightarrow{AB} = \overrightarrow{CD} \iff \begin{cases} \text{大きさが等しい} \ (|\overrightarrow{AB}| = |\overrightarrow{CD}|) \\ \text{向きが同じ} \end{cases}$$

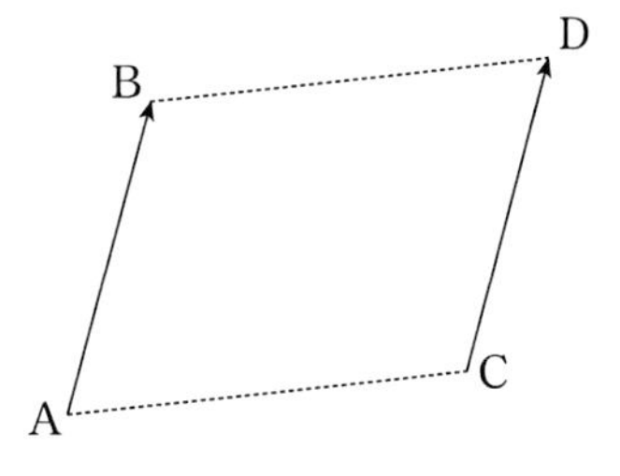

右図から了解できるように $\overrightarrow{AB} = \overrightarrow{CD}$ とは要するに一方のベクトルを“平行移動”して重ねることができる，ということである．

ここで，注意すべきことは2つのベクトルの“相等概念”が**ベクトルの位置には依存していない**ことだ．

(II)ベクトルの加法・減法

①加法

$\mathbf{a}=\overrightarrow{AB}$，$\mathbf{b}=\overrightarrow{BC}$ とおくとき，$\overrightarrow{AC}$ を $\mathbf{a}$ と $\mathbf{b}$ の和といい，$\mathbf{a}+\mathbf{b}$ で表す．

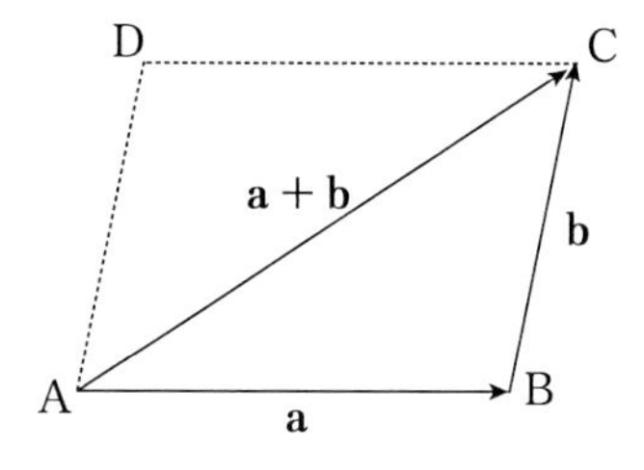

すなわち前頁の図で，

$$\overrightarrow{AB}+\overrightarrow{BC}=\overrightarrow{AC}$$

となる．

なお，前頁の図のような平行四辺形において $\overrightarrow{AD}=\mathbf{b}$, $\overrightarrow{DC}=\mathbf{a}$ だから，$\overrightarrow{AD}+\overrightarrow{DC}=\overrightarrow{AC}$ となり，

$$\mathbf{b}+\mathbf{a}=\mathbf{a}+\mathbf{b}$$

が成り立つ．

②減法

$\mathbf{b}+\mathbf{x}=\mathbf{a}$ となるベクトル $\mathbf{x}$ を $\mathbf{a}$ から $\mathbf{b}$ を引いた差といい，$\mathbf{a}-\mathbf{b}$ で表す．

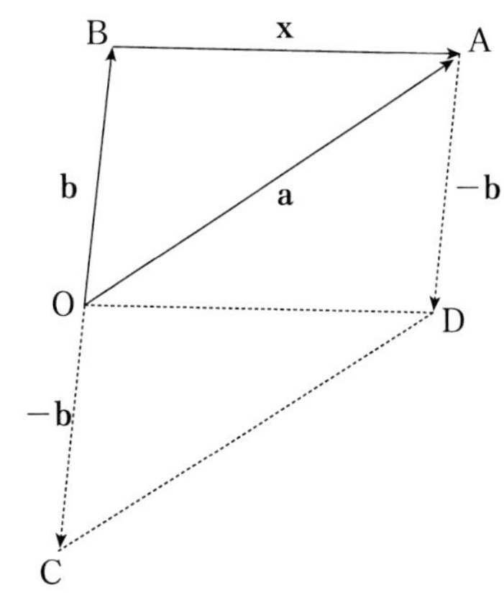

すなわち右図で，

$$\overrightarrow{OA}-\overrightarrow{OB}=\overrightarrow{BA}$$

となる．

なお，次の「(III) ベクトルの実数倍」で定義されるように，

$$-\overrightarrow{OB}=(-1)\overrightarrow{OB}$$

であるから，減法を右図の

ように加法と考え

$$\overrightarrow{OA}+(-\overrightarrow{OB})=\overrightarrow{OA}+\overrightarrow{OC}=\overrightarrow{OA}+\overrightarrow{AD}=\overrightarrow{OD}=\overrightarrow{BA}$$

と計算してもよい．

(Ⅲ)ベクトルの実数倍

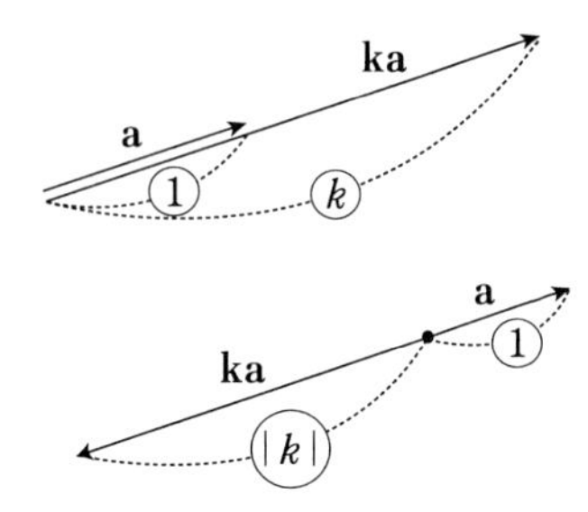

$\mathbf{a} \neq \mathbf{0}$（$\mathbf{0}$ は零ベクトルで図形的には“点”を表すと考えておけばよい）のとき，$k\mathbf{a}$（k は実数）はベクトル $\mathbf{a}$ を k 倍したもので，次のように定める．

（i）$k>0$ のとき

$k\mathbf{a}$ は，$\mathbf{a}$ と同じ向きで大きさが $k\times|\mathbf{a}|$ のベクトルである．

（ii）$k=0$ のとき

$k\mathbf{a}$ は，零ベクトル $\mathbf{0}$ である．

（iii）$k<0$

$k\mathbf{a}$ は，$\mathbf{a}$ と反対向きで大きさが $|k|\times|\mathbf{a}|$ のベクトルである．

以上のように定めておくと，「数の世界」とよく似た次のような等式が成り立つことは，簡単に納得できるだろう．

（i）交換法則

$$\mathbf{a}+\mathbf{b}=\mathbf{b}+\mathbf{a}$$

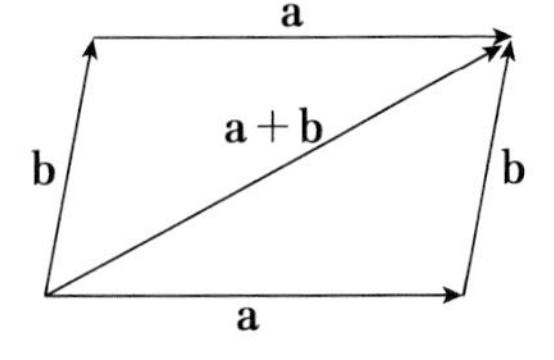

（ii）結合法則

$$(\mathbf{a}+\mathbf{b})+\mathbf{c}=\mathbf{a}+(\mathbf{b}+\mathbf{c})$$

また，ベクトルの実数倍については，

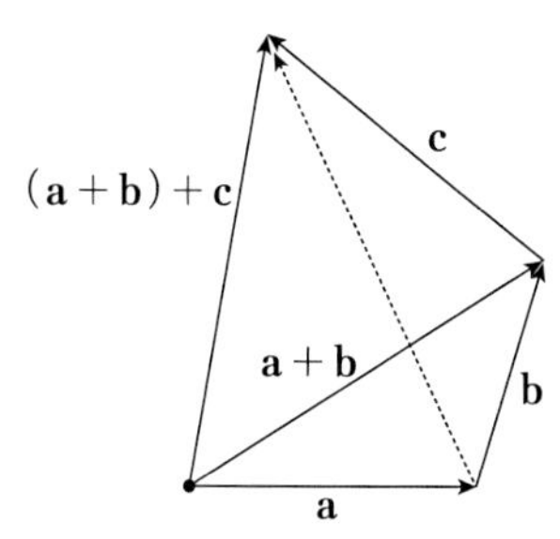

(ⅰ)結合法則

$$(st)\mathbf{a} = s(t\mathbf{a})$$

(ⅱ)分配法則

$$(s+t)\mathbf{a} = s\mathbf{a} + t\mathbf{a}$$

(ⅲ)分配法則

$$s(\mathbf{a}+\mathbf{b}) = s\mathbf{a} + s\mathbf{b}$$

なども成り立つ.

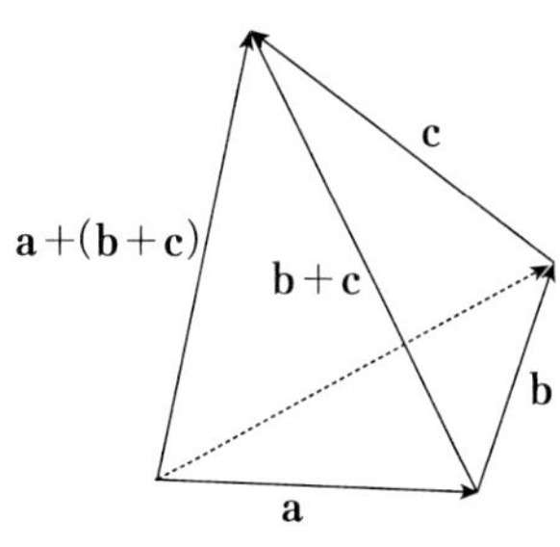

なお，$\mathbf{0}$ でない2つのベクトル $\mathbf{a}$, $\mathbf{b}$ に対して

$$s\mathbf{a} + t\mathbf{b} = \mathbf{0}$$

$$\Longleftrightarrow s = 0 \text{ かつ } t = 0$$

が成り立つとき，$\mathbf{a}$, $\mathbf{b}$ は「**1次独立**」という.

これは，$\mathbf{a}$ と $\mathbf{b}$ が“平面ベクトル”の場合，これら2つのベクトルが，平行でない(もちろん $\mathbf{0}$ ではない)ことを意味している．あるいは，当たり前のことだが，$\mathbf{a}$ は $\mathbf{b}$ で表されず，$\mathbf{b}$ も $\mathbf{a}$ で表されないということに他ならない．要するに，互いに代替不可能なのである.

それに対して，$\mathbf{a}$ と $\mathbf{b}$ が平行であるとき，$\mathbf{a}$, $\mathbf{b}$ は「**1次従属**」であるという．この場合，$\mathbf{b} = k\mathbf{a}$ (k は実数) と書けるので，$\mathbf{b}$ は $\mathbf{a}$ と代替可能なのだ.

また，$\mathbf{a}$, $\mathbf{b}$ が「1次独立」であるとき，2つのベクトル $\mathbf{a}$, $\mathbf{b}$ を含む平面上(この平面を $\mathbf{a}$ と $\mathbf{b}$ の生成する空間と言ったりする)の任意のベクトル $\mathbf{x}$ は，$\mathbf{a}$ と $\mathbf{b}$ で捉えることができる．すなわち

$$\mathbf{x} = k\mathbf{a} + l\mathbf{b} \ (k,\ l \text{ は実数})$$

のように，だ．そして，$\mathbf{a}$ と $\mathbf{b}$ を，この平面の“**基底**”という．また $k\mathbf{a}+l\mathbf{b}$ のような形を $\mathbf{a}$ と $\mathbf{b}$ の「1次結合」というが，言葉を

かえれば,「ベクトル **x** が基底 **a** と **b** の1次結合で表された」ということに他ならない.

“基底”とは，端的に言えばその平面内にある2つの平行でないベクトルのことで，下図からも分かるように，その平面の基底として，別のベクトルを選ぶことも可能である．たとえば，下図の **c** と **d** がそれである.

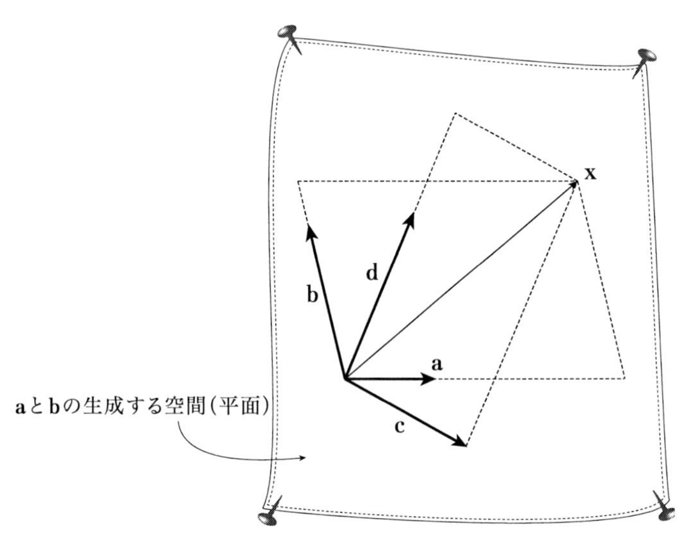

こうした考え方は，いわゆる一般の“ベクトル空間”に拡張できるが，私たちは，その一端を第8章で垣間見ることになるだろう.

7-3　数の組としてのベクトル

前節では，ベクトルは「矢線，有向線分」だと述べたが，これを直交座標系に置くことによって，ベクトルを2数の組と捉えることができる．いわゆるベクトルの成分表示である．

Oを原点とする座標平面に，$E_1(1,\ 0)$，$E_2(0,\ 1)$をとる．このとき，

$$\mathbf{e}_1=\overrightarrow{OE_1},\quad \mathbf{e}_2=\overrightarrow{OE_2}$$

としよう．これらを“**基本ベクトル**“という．

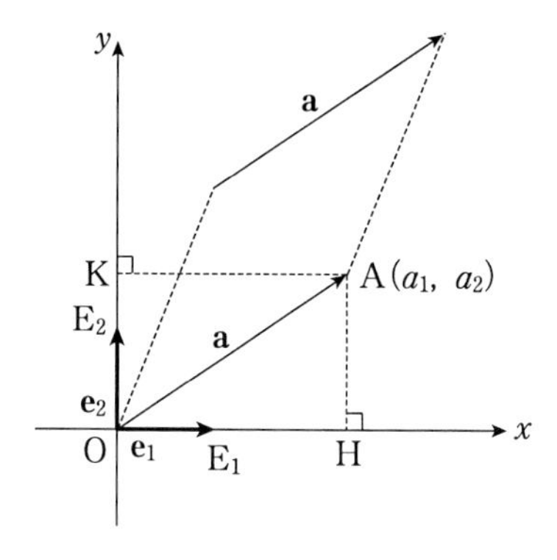

また，座標平面上の任意のベクトル$\mathbf{a}$に対して，

$$\mathbf{a}=\overrightarrow{OA}$$

となる点Aの座標を$(a_1,\ a_2)$とし，点Aからx軸，y軸に下した垂線の足をそれぞれH, Kとする．すると，図から分かるように

$$\mathbf{a}=\overrightarrow{OA}=\overrightarrow{OH}+\overrightarrow{OK}=a_1\mathbf{e}_1+a_2\mathbf{e}_2$$

と一通りに表される．このとき，

$$\mathbf{a}=\begin{bmatrix}a_1\\a_2\end{bmatrix}$$

と表し，a_1, a_2をベクトル$\mathbf{a}$の成分という．とくに，a_1をx成分，a_2をy成分という．

さらに，ベクトル$\mathbf{a}\left(=\overrightarrow{OA}\right)$の大きさ$|\mathbf{a}|=\left|\overrightarrow{OA}\right|$は，線分OAの長さであるから，ピタゴラスの定理により，

$$|\mathbf{a}|=\sqrt{a_1^2+a_2^2}$$

のように計算される．

次に，ベクトルの相等および加法，減法，実数倍の成分計算について簡単に述べておこう．

以下の定義や計算を見れば分かるがいずれも常識的であり，な

るほどと了解できるはずである.

いま,

$$\mathbf{a}=\begin{bmatrix}a_1\\a_2\end{bmatrix},\quad \mathbf{b}=\begin{bmatrix}b_1\\b_2\end{bmatrix}$$

とすると,

(i) $\mathbf{a}=\mathbf{b}\Longleftrightarrow\begin{cases}a_1=b_1\\a_2=b_2\end{cases}$

(ii) $\mathbf{a}+\mathbf{b}=\begin{bmatrix}a_1\\a_2\end{bmatrix}+\begin{bmatrix}b_1\\b_2\end{bmatrix}=\begin{bmatrix}a_1+b_1\\a_2+b_2\end{bmatrix}$

(iii) $\mathbf{a}-\mathbf{b}=\begin{bmatrix}a_1\\a_2\end{bmatrix}-\begin{bmatrix}b_1\\b_2\end{bmatrix}=\begin{bmatrix}a_1-b_1\\a_2-b_2\end{bmatrix}$

(iv) $k\mathbf{a}=k\begin{bmatrix}a_1\\a_2\end{bmatrix}=\begin{bmatrix}ka_1\\ka_2\end{bmatrix}$

のようになる.

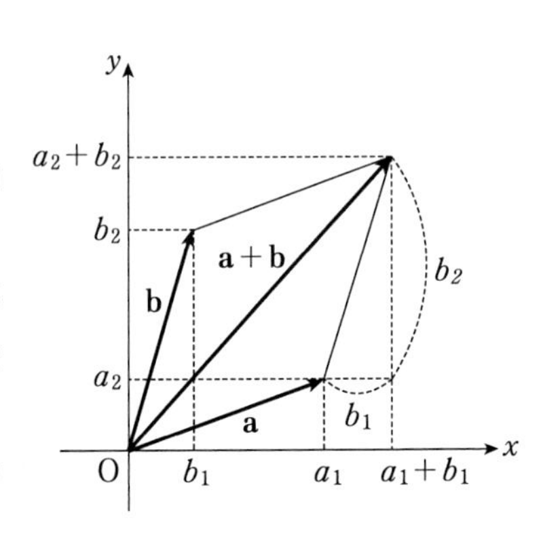

ここまで,成分が2個である平面ベクトル(2次元ベクトル)について述べてきたが,成分が3個(x 成分,y 成分,z 成分)の空間ベクトル(3次元ベクトル)も同様に考えることができる.

すなわち,空間内にある矢線(有向線分)をベクトルといい,ベクトルの相等,加法,減法,実数倍も平面ベクトルと全く同様に定めることができ,

$$\mathbf{a}=\begin{bmatrix}a_1\\a_2\\a_3\end{bmatrix},\quad \mathbf{b}=\begin{bmatrix}b_1\\b_2\\b_3\end{bmatrix}$$

とすると,

(i) $\mathbf{a}=\mathbf{b} \iff \begin{cases} a_1=b_1 \\ a_2=b_2 \\ a_3=b_3 \end{cases}$

(ii) $\mathbf{a}+\mathbf{b}=\begin{bmatrix} a_1 \\ a_2 \\ a_3 \end{bmatrix}+\begin{bmatrix} b_1 \\ b_2 \\ b_3 \end{bmatrix}=\begin{bmatrix} a_1+b_1 \\ a_2+b_2 \\ a_3+b_3 \end{bmatrix}$

(iii) $\mathbf{a}-\mathbf{b}=\begin{bmatrix} a_1 \\ a_2 \\ a_3 \end{bmatrix}-\begin{bmatrix} b_1 \\ b_2 \\ b_3 \end{bmatrix}=\begin{bmatrix} a_1-b_1 \\ a_2-b_2 \\ a_3-b_3 \end{bmatrix}$

(iv) $k\mathbf{a}=k\begin{bmatrix} a_1 \\ a_2 \\ a_3 \end{bmatrix}=\begin{bmatrix} ka_1 \\ ka_2 \\ ka_3 \end{bmatrix}$

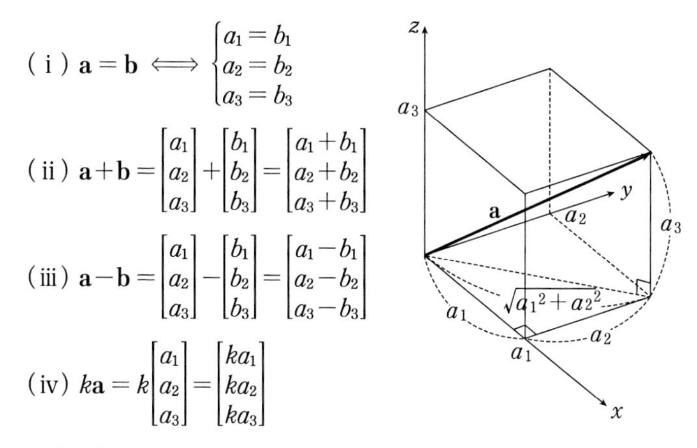

のようになるのである．

また，ベクトルの大きさは右図から分かるように

$$|\mathbf{a}|=\sqrt{a_1^2+a_2^2+a_3^2}$$

と計算される．

以上，成分が3個であるベクトルについて述べてきたが，当然成分がn個あるベクトルも考えることができ，ベクトルの大きさや相等，加法，減法，実数倍もまったく同様に定義できるが，ここではこれ以上深入りしないことにする．

いささか，学校の教科書風の説明になってしまったが，次章の「四元数」のためにさらにベクトルの内積と外積について解説しておこう．

7-1　ベクトルの内積

2つのベクトル$\mathbf{a}$, $\mathbf{b}$のなす角をθ $(0 \leqq \theta \leqq \pi)$としたとき，

$$|\mathbf{a}||\mathbf{b}|\cos\theta$$

をベクトル a, b の**内積**(scalar product)といい，これを

$$\mathbf{a}\cdot\mathbf{b}$$

で表す．すなわち，

$$\mathbf{a}\cdot\mathbf{b}=|\mathbf{a}||\mathbf{b}|\cos\theta$$

である．

いま，ベクトルの集合を V とし，直積集合 $V\times V$ を

$$V\times V=\{(\mathbf{a},\ \mathbf{b})|\mathbf{a}\in V,\ \ \mathbf{b}\in V\}$$

のように定めると，ベクトルの内積は，

$$V\times V\ni(\mathbf{a},\ \mathbf{b})\longmapsto|\mathbf{a}||\mathbf{b}|\cos\theta\in\mathbb{R}$$

のように，直積集合 $V\times V$ から実数の集合 $\mathbb{R}$ への写像と考えてみることもできる．

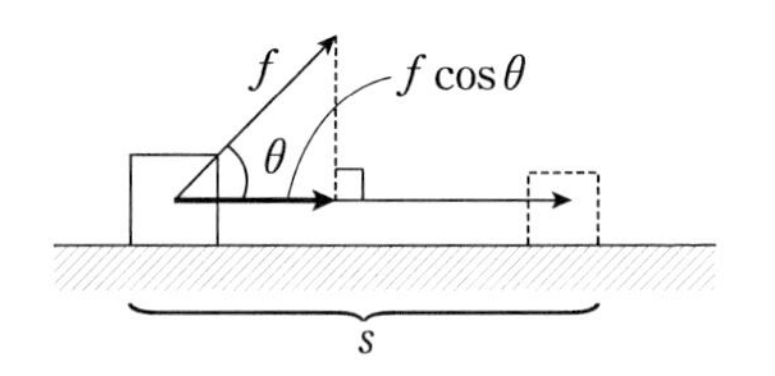

よく知られているように，このベクトルの内積は物理学における「仕事(work)」に由来する概念で，高校の物理では力 f の方向と移動の方向が，図のように θ をなすとき，仕事 W は

$$W=f\cos\theta\times s=fs\cos\theta$$

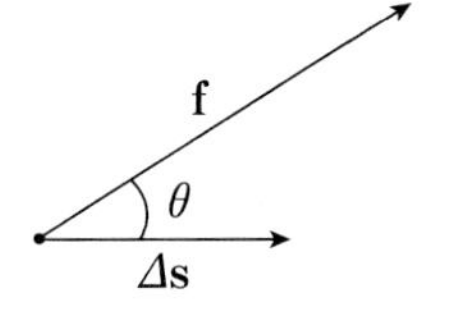

のように定義される．すなわち，ベクトルの言葉を用いれば，物体の変位が $\Delta\mathbf{s}$（これはベクトル量である）で，その物体に力 $\mathbf{f}$（これももちろんベクトル量）が作用していたとすれば，力 $\mathbf{f}$ が物体にした仕事 W は

$$W=\mathbf{f}\cdot\Delta\mathbf{s}=|\mathbf{f}||\Delta\mathbf{s}|\cos\theta$$

ということになるのだ．

ところで，この内積を成分で表すとどうなるのであろうか．これもよく知られているように余弦定理を用いると，以下のように

簡単に示すことができる.

右図のように

$$\mathbf{a}=\overrightarrow{\mathrm{OA}}=\begin{bmatrix}a_1\\a_2\end{bmatrix}$$

$$\mathbf{b}=\overrightarrow{\mathrm{OB}}=\begin{bmatrix}b_1\\b_2\end{bmatrix}$$

とし $\angle\mathrm{AOB}=\theta$ とする.

余弦定理から

$2\mathrm{OA}\cdot\mathrm{OB}\cdot\cos\theta$

$=\mathrm{OA}^2+\mathrm{OB}^2-\mathrm{AB}^2$ …（＊）

ここで

（＊）の左辺 $=2|\mathbf{a}||\mathbf{b}|\cos\theta=2\mathbf{a}\cdot\mathbf{b}$

（＊）の右辺 $=(a_1^2+a_2^2)+(b_1^2+b_2^2)$

$\quad-\{(b_1-a_1)^2+(b_2-a_2)^2\}$

$\quad=2(a_1b_1+a_2b_2)$

$\therefore\ 2\mathbf{a}\cdot\mathbf{b}=2(a_1b_1+a_2b_2)$

$\therefore\ \mathbf{a}\cdot\mathbf{b}=a_1b_1+a_2b_2$

上の証明は，そのまま空間ベクトルに対しても利用できるが，ともかく，以上から

$\mathbf{a}=\begin{bmatrix}a_1\\a_2\end{bmatrix}$,　$\mathbf{b}=\begin{bmatrix}b_1\\b_2\end{bmatrix}$ ならば，$\mathbf{a}\cdot\mathbf{b}=a_1b_1+a_2b_2$

$\mathbf{a}=\begin{bmatrix}a_1\\a_2\\a_3\end{bmatrix}$,　$\mathbf{b}=\begin{bmatrix}b_1\\b_2\\b_3\end{bmatrix}$ ならば，$\mathbf{a}\cdot\mathbf{b}=a_1b_1+a_2b_2+a_3b_3$

となることが分かった.

なお，内積を利用すると，2つのベクトル $\mathbf{a}$，$\mathbf{b}$ の垂直条件を次のように捉えることができる．すなわち，$\cos\dfrac{\pi}{2}=0$ に注意すると，

$$\mathbf{a}\perp\mathbf{b}\Longleftrightarrow\theta=\frac{\pi}{2}\Longleftrightarrow\cos\theta=0\Longleftrightarrow|\mathbf{a}||\mathbf{b}|\cos\theta=0\Longleftrightarrow\mathbf{a}\cdot\mathbf{b}=0$$

となる．要するに，2つのベクトルの内積が0であるなら，その2つのベクトルは垂直なのだ．ベクトルの幾何学的位置関係が，「数」に翻訳されたというわけである．

7-5 ベクトルの外積

次に空間ベクトルの「外積(vector product)」について簡単に述べておこう．これも，物理学の「能率(モーメント)」から来る概念である．

いま，$\mathbf{a}=\begin{bmatrix}a_1\\a_2\\a_3\end{bmatrix}$，$\mathbf{b}=\begin{bmatrix}b_1\\b_2\\b_3\end{bmatrix}$ としよう．

このとき，$\mathbf{a}$ と $\mathbf{b}$ の外積は，

$$\mathbf{a}\times\mathbf{b}=(|\mathbf{a}||\mathbf{b}|\sin\theta)\mathbf{e}$$

のように定義される．

ここに，θ $(0\leqq\theta\leqq\pi)$ は2つのベクトル $\mathbf{a}$ と $\mathbf{b}$ のなす角であり，ベクトル $\mathbf{e}$ は，$\mathbf{a}$ と $\mathbf{b}$ の定める平面に垂直な単位ベクトルで，その向きは $\mathbf{a}$ から $\mathbf{b}$ に右ねじを回すときにねじの進む方向である．

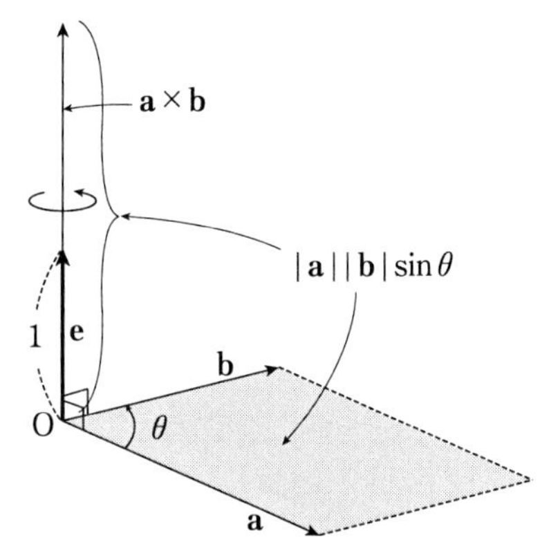

ここで注意すべきことは，内積は実数であったが，外積はベクトルを表していることである．

次に，外積

$$\mathbf{a}\times\mathbf{b}=(|\mathbf{a}||\mathbf{b}|\sin\theta)\mathbf{e}$$

を，$\mathbf{a}$ と $\mathbf{b}$ の各成分で表すことを考えてみよう．そのためにまず，$|\mathbf{a}||\mathbf{b}|\sin\theta$ を成分で表してみよう．

$|\mathbf{a}||\mathbf{b}|\sin\theta$ は，$\mathbf{a}$, $\mathbf{b}$ を隣り合う2辺とする平行四辺形の面積に他ならないが，これを内積を利用して計算すると，

$$|\mathbf{a}||\mathbf{b}|\sin\theta=|\mathbf{a}||\mathbf{b}|\sqrt{1-\cos^2\theta}=\sqrt{|\mathbf{a}|^2|\mathbf{b}|^2-(\mathbf{a}\cdot\mathbf{b})^2}$$

$$=\sqrt{(a_1^2+a_2^2+a_3^2)(b_1^2+b_2^2+b_3^2)-(a_1b_1+a_2b_2+a_3b_3)^2}$$

のようになる．ここで，いささか面倒だが $\sqrt{\ }$ 内をキチンと計算してみよう．

$$(a_1^2+a_2^2+a_3^2)(b_1^2+b_2^2+b_3^2)-(a_1b_1+a_2b_2+a_3b_3)^2$$

$$=(a_1^2b_1^2+a_1^2b_2^2+a_1^2b_3^2)+(a_2^2b_1^2+a_2^2b_2^2+a_2^2b_3^2)+(a_3^2b_1^2+a_3^2b_2^2+a_3^2b_3^2)$$

$$-(a_1^2b_1^2+a_2^2b_2^2+a_3^2b_3^2+2a_1b_1a_2b_2+2a_2b_2a_3b_3+2a_3b_3a_1b_1)$$

$$=(a_1^2b_2^2+a_1^2b_3^2)+(a_2^2b_1^2+a_2^2b_3^2)+(a_3^2b_1^2+a_3^2b_2^2)$$

$$-(2a_1b_1a_2b_2+2a_2b_2a_3b_3+2a_3b_3a_1b_1)$$

$$=(a_2^2b_3^2-2a_2b_2a_3b_3+a_3^2b_2^2)+(a_3^2b_1^2-2a_3b_3a_1b_1+a_1^3b_3^2)$$

$$+(a_1^2b_2^2-2a_1b_1a_2b_2+a_2^3b_1^2)$$

$$=(a_2b_3-a_3b_2)^2+(a_3b_1-a_1b_3)^2+(a_1b_2-a_2b_1)^2$$

であるから，結局，

$$|\mathbf{a}||\mathbf{b}|\sin\theta=\sqrt{(a_1^2+a_2^2+a_3^2)(b_1^2+b_2^2+b_3^2)-(a_1b_1+a_2b_2+a_3b_3)^2}$$

$$=\sqrt{(a_2b_3-a_3b_2)^2+(a_3b_1-a_1b_3)^2+(a_1b_2-a_2b_1)^2}$$

となる．そこで，いまベクトル $\mathbf{n}$ を

$$\mathbf{n}=\begin{bmatrix}a_2b_3-a_3b_2\\a_3b_1-a_1b_3\\a_1b_2-a_2b_1\end{bmatrix}\qquad\cdots\cdots\cdots(*)$$

で定めてみる．すると，上の結果から

$$|\mathbf{a}||\mathbf{b}|\sin\theta = |\mathbf{n}|$$

が成り立ち，

$$\begin{aligned}\mathbf{a}\cdot\mathbf{n} &= a_1(a_2b_3 - a_3b_2) + a_2(a_3b_1 - a_1b_3) + a_3(a_1b_2 - a_2b_1)\\ &= (a_2a_3 - a_3a_2)b_1 + (a_3a_1 - a_1a_3)b_2 + (a_1a_2 - a_2a_1)b_3 = 0\\ \mathbf{b}\cdot\mathbf{n} &= b_1(a_2b_3 - a_3b_2) + b_2(a_3b_1 - a_1b_3) + b_3(a_1b_2 - a_2b_1)\\ &= (b_3b_2 - b_2b_3)a_1 + (b_1b_3 - b_3b_1)a_2 + (b_2b_1 - b_1b_2)a_3 = 0\end{aligned}$$

となって，**n** は **a** と **b** との双方に垂直であることが分かる．実は，このn こそは，$\mathbf{a}\times\mathbf{b}$ に他ならないのである．

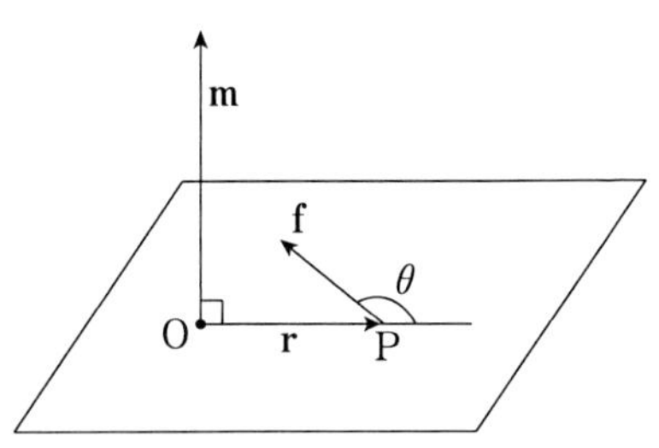

ちなみに，物理学では $\overrightarrow{\mathrm{OP}} = \mathbf{r}$ なる点Pに力 **f** が作用した場合，点Oのまわりの力の能率 **m** は，

$$\mathbf{m} = \mathbf{r}\times\mathbf{f}$$

と表現されることはよく知られていることだろう．

また，内積においては，$\mathbf{a}\cdot\mathbf{b} = \mathbf{b}\cdot\mathbf{a}$ という交換法則が成立するが，外積の場合，その定義から明らかなように，

$$\mathbf{a}\times\mathbf{b} = -\mathbf{b}\times\mathbf{a}$$

となって，交換法則は成立しない．

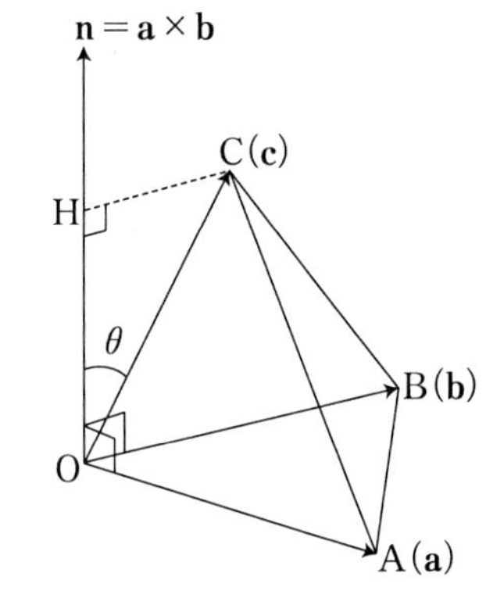

次にベクトルの内積と外積を利用して，右図のような四面体OABCの体積 V を求めてみよう．

△OABを底面とし，OHを四面体の高さとし

$$\mathbf{n}=\mathbf{a}\times\mathbf{b}$$

としてみよう．このとき，$\mathbf{c}$ と $\mathbf{n}$ のなす角を θ とすると

$$\mathrm{OH}=|\mathbf{c}||\cos\theta|$$

$$\triangle\mathrm{OAB}=\frac{1}{2}|\mathbf{n}|$$

であるから

$$V=\frac{1}{3}\cdot\triangle\mathrm{OAB}\cdot\mathrm{OH}=\frac{1}{3}\cdot\frac{1}{2}|\mathbf{n}||\mathbf{c}||\cos\theta|$$

$$=\frac{1}{3!}|(\mathbf{n}\cdot\mathbf{c})|=\frac{1}{3!}|(\mathbf{a}\times\mathbf{b})\cdot\mathbf{c}|$$

のようになる．ここで $(\mathbf{a}\times\mathbf{b})\cdot\mathbf{c}$ は“**スカラー3重積**”と呼ばれるもので，

$$\mathbf{a}=\begin{bmatrix}a_1\\a_2\\a_3\end{bmatrix}\quad\mathbf{b}=\begin{bmatrix}b_1\\b_2\\b_3\end{bmatrix}\quad\mathbf{c}=\begin{bmatrix}c_1\\c_2\\c_3\end{bmatrix}$$

とすると，(＊)とから

$$(\mathbf{a}\times\mathbf{b})\cdot\mathbf{c}=\mathbf{n}\cdot\mathbf{c}$$

$$=(a_2b_3-a_3b_2)c_1+(a_3b_1-a_1b_3)c_2+(a_1b_2-a_2b_1)c_3$$

$$=a_1b_2c_3+a_2b_3c_1+a_3b_1c_2-(a_1b_3c_2+a_2b_1c_3+a_3b_2c_1)$$

となる．これは，行列式

$$\begin{vmatrix}a_1&a_2&a_3\\b_1&b_2&b_3\\c_1&c_2&c_3\end{vmatrix}$$

に他ならず，結局

$$V=\frac{1}{3!}\left\|\begin{matrix}a_1&a_2&a_3\\b_1&b_2&b_3\\c_1&c_2&c_3\end{matrix}\right\|$$

であることが分かった．

なお，$(\mathbf{a}\times\mathbf{b})\cdot\mathbf{c}$ については

$$(a\times b)\cdot c=(b\times c)\cdot a=(c\times a)\cdot b$$

$$=c\cdot(a\times b)=a\cdot(b\times c)=b\cdot(c\times a)$$

が成り立ち，これを$[abc]$とかいて**グラスマンの記号**という．

最後に，内積と外積を利用して，3次元座標空間内にある平面πの方程式(＝平面π上の任意の点Pの座標$(x,\ y,\ z)$の満たす式)求めてみよう．

いま，平面πを定める3点を，$\mathrm{A}(x_1, y_1, z_1)$, $\mathrm{B}(x_2, y_2, z_2)$, $\mathrm{C}(x_3, y_3, z_3)$としよう．

このとき，

$$\mathbf{b}=\overrightarrow{\mathrm{AB}}=\begin{bmatrix} x_2-x_1 \\ y_2-y_1 \\ z_2-z_1 \end{bmatrix}=\begin{bmatrix} k \\ l \\ m \end{bmatrix},\quad \mathbf{c}=\overrightarrow{\mathrm{AC}}=\begin{bmatrix} x_3-x_1 \\ y_3-y_1 \\ z_3-z_1 \end{bmatrix}=\begin{bmatrix} p \\ q \\ r \end{bmatrix}$$

とおく．また，

$$\mathbf{n}=\mathbf{b}\times\mathbf{c}=\begin{bmatrix} a \\ b \\ c \end{bmatrix}$$

とする．ただし，

$$\begin{bmatrix} a \\ b \\ c \end{bmatrix}=\begin{bmatrix} lr-mq \\ mp-kr \\ kq-lp \end{bmatrix}$$

である．

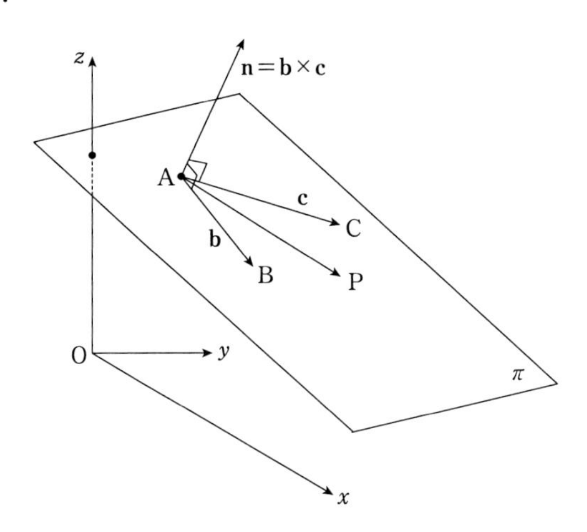

さて，いま平面 π 上の任意の点を $\mathrm{P}(x, y, z)$ としよう．このとき，

$$\mathbf{n} \perp \overrightarrow{\mathrm{AP}}$$

だから，

$$\mathbf{n} \cdot \overrightarrow{\mathrm{AP}} = 0 \text{（A と P が一致するときも成り立つ）}$$

すなわち

$$\begin{bmatrix} a \\ b \\ c \end{bmatrix} \cdot \begin{bmatrix} x - x_1 \\ y - y_1 \\ z - z_1 \end{bmatrix} = 0 \Longleftrightarrow a(x - x_1) + b(y - y_1) + c(z - z_1) = 0$$

ここで，$d = -ax_1 - by_1 - cz_1$ とおくと，結局平面 π の方程式は，

$$ax + by + cz + d = 0$$

のような形となることが分かる．

一般に，

2次元平面の中の直線（これを超平面という）の方程式は，

$$ax + by + c = 0$$

3次元空間の中の平面（これも超平面という）の方程式は，

$$ax + by + cz + d = 0$$

4次元空間の中の超平面の方程式は，

$$ax + by + cz + dw + e = 0$$

のような形になり，以下同様に考えると，

n 次元空間の中の超平面の方程式が，

$$a_1 x_1 + a_2 x_2 + \cdots + a_{n-1} x_{n-1} + a_n x_n + a_{n+1} = 0$$

のような形になることは容易に予想できるだろう．

第8章

虚数と四元数について

8-1 虚数の導入

私たちは第1章において，自然数から出発して，負の数，有理数，無理数，といったふうに「数の世界」を少しずつ拡張していった．そのとき，決定的に大事なことは「数」はそれ自身単独で意味を持つのではなく，四則計算や開平演算の流通場において初めて意味をもつのだ，ということであった．

自然数から実数まで，私たちは何かそれがごく素朴に「存在」しているような幻想を持っているが，実はそうではなかった．もちろん，私はそうした幻想自体を否定するものではないが，「数」は私たちの思考の論理的な形式場，あるいはその論理的な関係場の中で醸成されていたのである．カッシーラは「数概念は一般的な関数概念によって充当され，通徹される」と述べているが，これは，第1章を読み終えた読者ならば容易に納得できるだろう．

さて，これから私たちは，実数から更なる新しい「数の世界」に飛び立とうとしている．その大きな契機になるのが，

$$x^2+1=0 \qquad \cdots\cdots\cdots\cdots\cdots(*)$$

という方程式である．これを満たす，実数 x はもちろん存在しない．なぜなら，x が実数である限り，

$$x^2 \geqq 0 \qquad \therefore\ x^2+1 \geqq 1$$

だからである．

実際，9世紀中葉のインドの数学者**マハーヴィーラ**もこのように考えた一人で，彼は『ガニタ-サーラ-サングラハ（計算-真髄-集成）』という書物の中で「負量は二乗の量ではない．したがって，それは平方根を持たない」と述べている．

しかし，私たちはこれまで，たとえば

$$x+1=0$$

のような方程式を契機にして，「負の数」というものを導入してきた．「自然数の世界」しか知らない小学1年生の子供であれば「この方程式を満たす数 x は存在しない」とマハーヴィーラ同様に答えたにもかかわらず，である．その意味では，いま方程式(＊)を前にして，私たちは再び小学1年生の段階に回帰してきたのかもしれない．

ご承知のように，高校数学では(＊)を満たす x を「$i\,(=\sqrt{-1})$」と記し，これを「**虚数(imaginary number)**」と呼ぶことを教わる．

この虚数を初めて認めたのは『アルス・マグナ(偉大なる計算術)』の著者**カルダノ**(1501～1576)であるが，彼はこれを「虚構のもの(fictitious)」と呼び，

$$\alpha+\beta=10, \quad \alpha\beta=40$$

を満たす α, β は何か，という問題に対して，

$$\alpha=5+\sqrt{-15}, \quad \beta=5-\sqrt{-15}$$

と答えている．実際，このとき

$$\alpha+\beta=(5+\sqrt{-15})+(5-\sqrt{-15})=10$$
$$\alpha\beta=(5+\sqrt{-15})(5-\sqrt{-15})=25-(-15)=40$$

となっている．

その後，ボロニャ大学の**ラファエロ・ボンベッリ**が1572年に公にした代数学の本で「虚数」についての多少進歩した見解を示したと言われているが，18世紀末に至るまでは「虚数」は単なる「ツクリモノ」に過ぎなかったのである．

おそらく，高校時代に「虚数単位 i」を教わったことのある人ならば，いったいこれは何なんだ，と一度は考えたにちがいない．

それは，そもそも「数」なのか？「i」を「数」というには，それは

従来の「数概念」から余りにも逸脱してはいないだろうか？ 第一，それは「数」直線のどこにも対応する点が存在しない．したがって，それには大小関係もありそうに思えないし，また「i」に対応する「量」も実感できない．

負数や無理数は，「自然数」しか知らない小学生には奇妙に思える代物ではあったかもしれないが，ともかく「数」直線を描けばそれに対応する点の存在は感覚的には了解できた．

しかし，「虚数」については，そうは問屋が卸さない．方程式（＊）の解ということで，「ツクリモノ」として恣意的に導入された「虚数」を前に，そもそもこんなことをしてよいのかと，私たちは戸惑うばかりである．

しかし，一方で $i=\sqrt{-1}$ を導入することにより，実数係数の2次方程式

$$ax^2+bx+c=0$$

の解は，(実数)解を持つか，持たないかに場合わけすることなく，すべて

$$x=\frac{-b\pm\sqrt{b^2-4ac}}{2a}$$

のような形式で統一的に書くことができ，したがって2次方程式は，重解も含めて，必ず2つの解をもつという簡潔明解な結論を得ることができる．

また，一般に複素数を係数とする n 次方程式

$$a_nx^n+a_{n-1}x^{n-1}+\cdots\cdots+a_1x+a_0=0$$

が必ず複素数の範囲においては解をもち（**代数学の基本定理**），しかもそれが n 個ある，ということも主張できる．このようなことを考慮すると，虚数の導入は，数学的思考の形式の上では必然のことのようにも思われる．

では「i」は，数学的システムの中でどのような意味をもっているのか？「i」の視覚的な表象，図形的なイメージの探求こそは喫緊の課題である．

ここで唐突だが，第1章で考えた

$$2\times5=5\times2$$

という等式を思い出して頂きたい．いま，

$$2a=a+a$$

$$5b=b+b+b+b+b$$

といった文字式の記法にならって

左辺の 2×5（$=5+5$）は，5を2倍すること

を意味し

右辺の 5×2（$=2+2+2+2+2$）は，2を5倍すること

を意味する，と決めておこう．

さて，ここでもし「i」を数として扱うならば，

$$2\times i=i\times2$$

が成り立たなければならないだろう．

そこでこの等式の各辺の意味を考えるならば，

左辺の $2\times i$（$=i+i$）は，i を2倍すること

と解釈すればよい．しかし，

右辺の $i\times2$ は……？？？

一体どのように解釈すべきなのだろうか．2を i 倍すると言ったとしても，それを

$$\underbrace{2+2+2+\cdots\cdots}_{i\text{個}}$$

といった形で表現することはできない．にもかかわらず，

$$2\times i=i\times2$$

が成り立つように解釈したいのだ．私たちは，この交換法則を最

優先にして，2 を i 倍することの図形的な意味を考えなければならない．

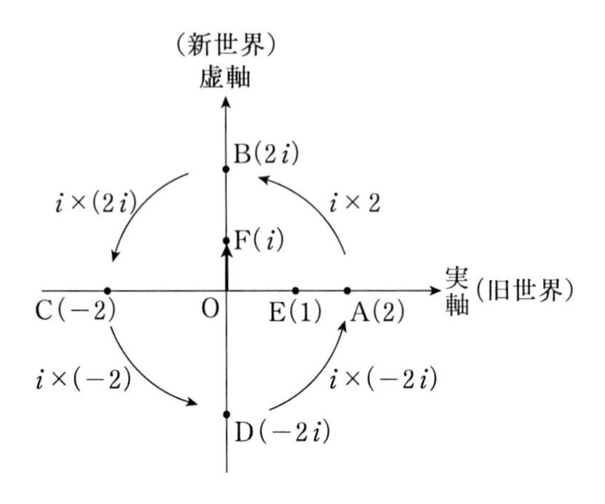

そこで，上図のような普通の実数直線（これを“実軸”という）に「(実数)×i」という形の直線の世界（これを“虚軸”という）を直交させた新世界を考えてみよう．「i」を契機に，私たちは数直線という単一の世界，1 次元の simple な世界から，2 つのユニット（基底と言ってもよい）をもつ complex な 2 次元の世界に踊り出るのである．

このとき，$2\times i$ は OF を 2 倍して OB になったと解釈できる．要するに，$2\times i$ は新世界では点 B を表している．

では，$i\times 2$ はどのように考えればいいのか．2 は点 A を表しているが，2 に i を掛けたことによって，

点 A が点 B に移った

と解釈するのが自然であろう．なぜなら，このように解釈すれば，

$$2\times i=i\times 2$$

という等式の図形的意味が得られるからである．すなわち，2にiを掛けるということは，

ベクトル $\overrightarrow{\mathrm{OA}}$ をベクトルの始点Oの回りに90°回転させる

操作に対応していると考えるのである．そして，このように解釈すれば，

$$i \times 2i = -2, \quad i \times (-2) = -2i, \quad i \times (-2i) = 2$$

といった等式は，それぞれ順に

点Bを点Oのまわりに90°回転して点Cに
点Cを点Oのまわりに90°回転して点Dに
点Dを点Oのまわりに90°回転して点Aに

対応させることを意味したのだときわめて整合的に理解することができるのだ．

8-2　複素数の歴史について

カルダノ以来およそ200年以上もツクリモノの虚数の世界は，ほとんど省みられることなくそのままに放置されていた．ニュートンやデカルト，のみならずオイラー（「虚数単位」としてiを用いたのはオイラーであったと言われている）にとってさえも「虚数」は，単なる「代数学におけるフィクション」と考えられていた．

では，いつ頃から「虚数」の図形的な解釈が生まれてきたのだろうか．カジョリの『初等数学史』には次のような記述が見られる．

> 十分成功した図形的表示は，はじめてノルウェーの測量家カスパール・ウェッセルの『デンマーク科学学士院記事』所載の論文（1797年に書かれ，1799年に出版）とジュネーヴのジャン・ロ

ベール・アルガン(1768～1822)の有名な『幾何学的作図による虚量表示についての試論』(Essai, 1806年出版)によって公表された.

しかしそれらの論文はほとんど人目を引かなかった. そしてゲッティンゲンの偉大なカール・フリードリッヒ・ガウス(1777～1855)にいたって, はじめて, 虚数についての最後の支障が打破された. ガウスは, $\sqrt{-1}$ を1とは独立した座標の単位にとり, $a+bi$ を「複素数」として導入したのである.

ちなみに, フランスの数学者ルジャンドル(1752～1833)はアルガンの論文をただ好奇的な表示と考えてあまり問題にしなかったと言われているが, ともかくガウスによって複素数の世界

$$\mathbb{C}=\{a\cdot 1+b\cdot i\,|\,a,\ b \text{ は実数}\}$$

が確立されたのである.

これは,「1」と「i」という2つ(＝複数＝complex)の独立したユニットをもつ新たな数の世界である. そして, この $\mathbb{C}$ の世界の図形的な表象は, さきほど述べた「実数直線」と「(実数)$\times i$」という形の直線の世界を直交させた平面であり, こんにちそれはガウスの「複素数平面(complex plane)」あるいは, アルガンにちなんで「アルガン・ダイアグラム(Argand diagram)」とも呼ばれている.

ところで, これまで「数」の世界を, 自然数の世界を出発点にして, さまざまな方程式を契機として

$$\mathbb{N}\subset\mathbb{Z}\subset\mathbb{Q}\subset\mathbb{R}\subset\mathbb{C}$$

のように拡張していった.

数の拡張にあたっては, いわゆる**ハンケル**(1839～1873)**の要求**, あるいは**形式不易の原則**が重視されなければならない. こ

れは，旧い数の体系Aが新しい数の体系Bまで拡張されるにあたっては，なるべく旧い数体系のルールが守られなければならない，(先ほど取り上げた $2\times i=i\times 2$ もその例である) という要求のことである．すなわち，

(1) 四則計算と数の大小関係とは無矛盾の原則に従うように定められなければならない．
(2) 四則計算における結合，交換，分配の諸法則および大小関係における全順序性や非対称性などがなるべく多く成り立つようにしなければならない．

ということだ．

では，虚数を導入することによって，実数世界で成立した計算規則や大小関係はすべて保持できるのであろうか．実は，$\mathbb{C}$ の世界では，実数の最も基本的性質である「大小関係」を，私たちは破棄しなければならないのである．

8-3　複素数の計算とその図形的な意味

複素数 $x+yi$ (x, y は実数) を複素数平面で表すには，どうすればいいのか．

まず次頁の図Iのような O を原点とする xy 座標平面を考え，点 $\mathrm{P}(x,\ y)$ をとる．このとき私たちは O から P に向かう矢線，つまりベクトル $\overrightarrow{\mathrm{OP}}$ を考えることができる．このベクトル $\overrightarrow{\mathrm{OP}}$ を複素数 $x+yi$ の図形的表現と考えるのだ．すなわち，

$$x+yi \Longleftrightarrow \overrightarrow{\mathrm{OP}}$$

というわけであり，このとき2次元ベクトル $\overrightarrow{\mathrm{OP}}$ の成分は $\begin{bmatrix} x \\ y \end{bmatrix}$ ということになる．

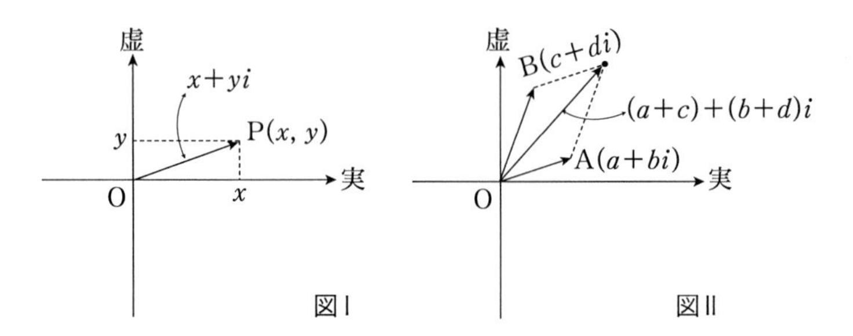

次に2つの複素数 $a+bi$ と $c+di$ の足し算，引き算，掛け算，割り算を次のように定める．

① $(a+bi)+(c+di)=(a+c)+(b+d)i$

② $(a+bi)-(c+di)=(a-c)+(b-d)i$

③ $(a+bi)(c+di)=(ac-bd)+(ad+bc)i$

④ $\dfrac{a+bi}{c+di}=\dfrac{ac+bd}{c^2+d^2}+\dfrac{bc-ad}{c^2+d^2}i \quad (c+di \neq 0)$

このとき，足し算①は，図IIで示したように2つのベクトル $\overrightarrow{\mathrm{OA}}$，$\overrightarrow{\mathrm{OB}}$ の和 $\overrightarrow{\mathrm{OA}}+\overrightarrow{\mathrm{OB}}$ を求めることに対応している．同様に引き算②は，2つのベクトルの差 $\overrightarrow{\mathrm{OA}}-\overrightarrow{\mathrm{OB}}$ を求めることに対応している．

掛け算，割り算の定義は複雑に見えるが，要するに従来通りの文字計算を実行し，i^2 を -1 に置き換える，と頭に入れておけばよい．実際，③は

$$
\begin{aligned}
(a+bi)(c+di) &= ac+adi+bci+bdi^2 \\
&= ac+(ad+bc)i+bd\cdot(-1) \\
&= (ac-bd)+(ad+bc)i
\end{aligned}
$$

のようになり，④では $\dfrac{a+bi}{c+di}$ の分母，分子に $c-di$（これを $c+di$ の**共役複素数**という）を掛けて

$$\frac{a+bi}{c+di}=\frac{(a+bi)(c-di)}{(c+di)(c-di)}=\frac{ac-adi+bci-bdi^2}{c^2-d^2i^2}$$

$$=\frac{ac+(bc-ad)i-bd\cdot(-1)}{c^2-d^2\cdot(-1)}=\frac{ac+bd}{c^2+d^2}+\frac{bc-ad}{c^2+d^2}i$$

のようになって，割り算の定義も特に覚える必要はない．

ただ問題は掛け算や割り算の場合，その図形的な意味がはっきりしないことである．そこで，三角関数を利用した「**極形式**」といわれる複素数表現を導入する．

図Ⅲにおいて，$\overrightarrow{\mathrm{OP}}$ の長さを r とし，$\overrightarrow{\mathrm{OP}}$ と x 軸のなす角を θ（これを**偏角**という）とする．

すると，三角関数の定義より，

$$x=r\cos\theta,\quad y=r\sin\theta$$

であるから，

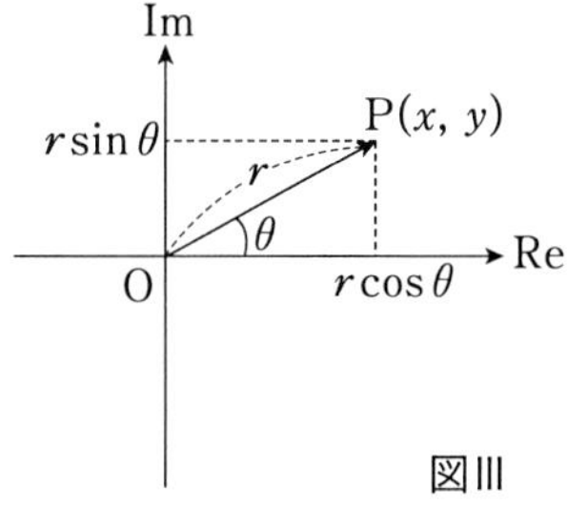

図Ⅲ

$$x+yi=r\cos\theta+(r\sin\theta)i$$
$$=r(\cos\theta+i\sin\theta)$$

のようになる．

極形式の場合，虚数部を「$(\sin\theta)i$」ではなく，「$i\sin\theta$」と「i」を $\sin\theta$ の前に出して書くのが一般的である．これは，「$\sin\theta i$」と書くと，この式が「$(\sin\theta)i$」なのか「$\sin(\theta i)$」なのかが曖昧なためで，それゆえ，いちいち $(\sin\theta)i$ のように $\sin\theta$ に括弧をつけなければならないからである．

さて，いま

$$a+bi=r_1(\cos\theta_1+i\sin\theta_1),\quad c+di=r_2(\cos\theta_2+i\sin\theta_2)$$

としてみよう．このとき，三角関数の加法定理を利用すると，

$$(a+bi)(c+di)=r_1(\cos\theta_1+i\sin\theta_1)\cdot r_2(\cos\theta_2+i\sin\theta_2)$$
$$=r_1r_2\{(\cos\theta_1\cos\theta_2-\sin\theta_1\sin\theta_2)+i(\sin\theta_1\cos\theta_2+\cos\theta_1\sin\theta_2)\}$$
$$=r_1r_2\{\cos(\theta_1+\theta_2)+i\sin(\theta_1+\theta_2)\}$$

となる.

これは，図IVにおいてベクトル $\overrightarrow{\mathrm{OA}}$ をベクトルの始点Oの回りに θ_2 だけ回転して r_2 倍したベクトル $\overrightarrow{\mathrm{OC}}$ を表している.

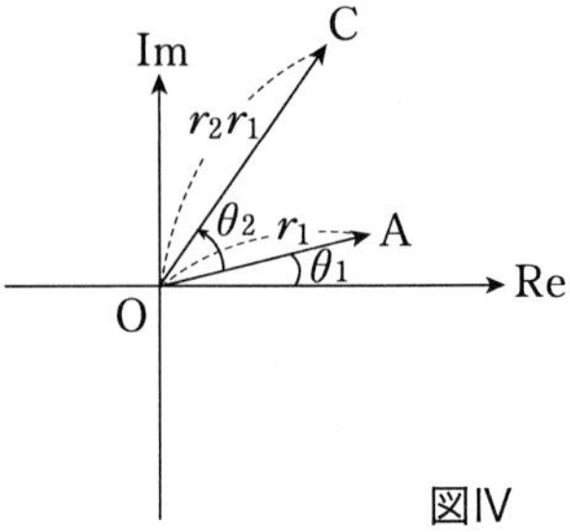

図IV

このことから分かるように，一般に複素数

$$\mathrm{P}(x+yi)$$

に対して，$k(x+yi)$ を考えると，図Vからも分かるように

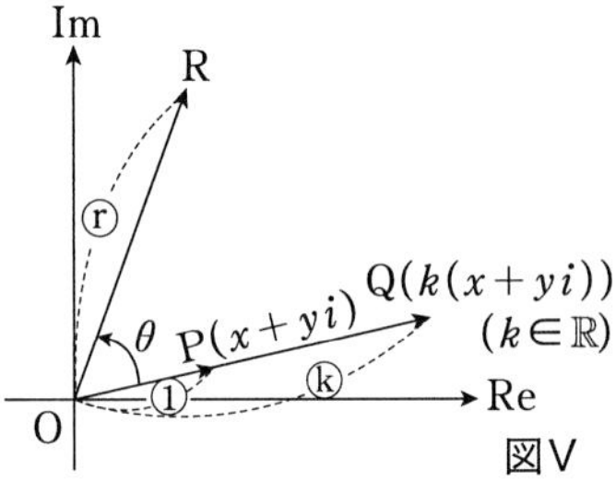

(i) $k\in\mathbb{R}$ のとき

$k(x+yi)$ は，$\overrightarrow{\mathrm{OP}}$ を k 倍したベクトル $\overrightarrow{\mathrm{OQ}}$ を表す

図V

(ii) $k=r(\cos\theta+i\sin\theta)\in\mathbb{C}$ のとき

$k(x+yi)$ は，$\overrightarrow{\mathrm{OP}}$ をOのまわりに θ 回転して r 倍したベクトル $\overrightarrow{\mathrm{OR}}$ を表す

ことが分かる.

すなわち，k が実数である限りは，$\overrightarrow{\mathrm{OP}}$ は直線OPの1次元世界しか移動できないが，k が複素数に拡張されることによって，$\overrightarrow{\mathrm{OP}}$ は回転をはじめるのである．すなわち，$k(x+yi)$ の世界は2次元平面にまで広がったのである.

また，こうした考察から分かるように，割り算 $\dfrac{a+bi}{c+di}$ の結果の商を

$$r(\cos\theta+i\sin\theta)$$

とすると，

$$a+bi=r(\cos\theta+i\sin\theta)(c+di)$$

と変形でき，「商」は，「$c+di$ に対応するベクトルをどのように運動させれば $a+bi$ に対応するベクトルに一致するか」を表していることも分かるのだ．

ところで，いま

$$x+yi \text{ において，} x=2,\ \ y=0$$

$$r(\cos\theta+i\sin\theta) \text{ において，} r=1,\ \ \theta=\frac{\pi}{2}$$

とおいてみよう．このとき，

$$\begin{aligned} r(\cos\theta+i\sin\theta)(x+yi) &= \left(\cos\frac{\pi}{2}+i\sin\frac{\pi}{2}\right)(2+0\cdot i) \\ &= (0+i)\cdot 2 = i\cdot 2 = 2i \end{aligned}$$

となり，当たり前のことであるが，これは「8–1」で考えた結果と一致している．

こうした議論が「$e^{i\pi}=-1$」といったいどのように関連するのか，結論をいえば，実はある意味の流通場においては，

$$e^{ix}=\cos x+i\sin x$$

が成り立つのだ．しかし，先を急ぐのはやめよう．

複素数に関連して，これから少し四元数について話してみたい．

8-4 ハミルトンの四元数

私たちは，方程式 $x^2+1=0$ の解を「創作」すべく，実数の世界を拡張して複素数の世界 $\mathbb{C}$ に踊り出た．この世界は基本的には 1 と i の 2 つのユニット (＝単位，基底) をもつ世界であり，i と 1 とは，

$$i^2=-1$$

によって関連付けられた世界であった．

1833 年，**W.R. ハミルトン** (1805 ～ 1865) というスコットランド生まれの数学者が複素数に関する一本の論文を書いた．この論文の中で，彼は複素数 $x+yi$ が実数の順序対 $(x,\ y)$，すなわち

$$2\text{ 次元の平面ベクトル}\begin{bmatrix} x \\ y \end{bmatrix} \Longleftrightarrow x+yi$$

のように同一視できることを述べ，また $\cos\theta+i\sin\theta$ を掛けることでベクトルの回転が引き起こされることも指摘した．

複素数に対するこのような考えは，当然のごとくハミルトンを 3 次元ベクトルに対応する「ある数？」の存在の探求に立ち向かわせた．すなわち，

$$3\text{ 次元の空間ベクトル}\begin{bmatrix} x \\ y \\ z \end{bmatrix} \Longleftrightarrow \text{「ある数？」}$$

のような「？」を創り出そうというわけである．

はじめハミルトンは，1 と実数以外の 2 つのユニット i，j を想定して，「ある数？」として，

$$x+yi+zj$$

のようなものを考えていた．そして，この数を用いて複素数との類比的な発想のもとに，3 次元の空間ベクトルの回転を捉えようとした．しかし，このアイデアはことごとく失敗することになる．

それから10年がたつ．1843年10月16日，ハミルトンはダブリンのロイヤル運河に沿って夫人と散歩をしていた．そのとき，突如天啓の如く「ある数？」として，

$$t\cdot 1+x\cdot i+y\cdot j+z\cdot k$$

という形の数が思い浮かんだ．「1, i, j, k」という4つのユニットをもつ，いわゆる「**四元数(quaternion)**」である．

ハミルトンはまず，複素数において，

$$(a+bi)(a-bi)=a^2+b^2$$

が成り立ったように

$$(a+bi+cj+dk)(a-bi-cj-dk)=a^2+b^2+c^2+d^2 \qquad \cdots(*)$$

が成立すべく，1, i, j, k の間の計算ルールを決める．

ここで大切なことは，小学1年生のはじめに立ち返って i, j, k については「交換法則」の成り立たない世界の住人になることだ．

	a	bi	cj	dk
a	aa	abi	acj	adk
bi	abi	$bbii$	$bcij$	$bdik$
cj	acj	$bcji$	$ccjj$	$cdjk$
dk	adk	$bdki$	$cdkj$	$ddkk$

実数以外については，右から掛けるか，左から掛けるかに注意し，さらに上の表を参考にして(＊)の左辺を展開してみよう．

$$\begin{aligned}&(a+bi+cj+dk)(a-bi-cj-dk)\\&=a^2-b^2i^2-c^2j^2-d^2k^2+(ab-ab)i+(ac-ac)j+(ad-ad)k\\&\qquad -bc(ij+ji)-bd(ik+ki)-cd(jk+kj)\\&=a^2-b^2i^2-c^2j^2-d^2k^2-bc(ij+ji)-bd(ik+ki)-cd(jk+kj)\end{aligned}$$

これが(＊)の右辺に等しくなるようにするには，

$$i^2=j^2=k^2=-1, \quad ij+ji=jk+kj=ki+ik=0$$

とすればよい．さらに，ここで，

$$ij=-ji=k$$

と決めてみよう．このとき，「ハンケルの要求」にしたがって結合律が成り立つとすると，

$$jk=j(-ji)=\{j(-j)\}i=(-j^2)i=\{-(-1)\}i=i$$

$$ki=(-ji)i=(-j)(ii)=-ji^2=-j(-1)=j$$

となる．したがって，3つのユニット i, j, k に対して，

$$\begin{cases} i^2=j^2=k^2=-1 \\ ij=-ji=k \\ jk=-kj=i \\ ki=-ik=j \end{cases} \quad \cdots\cdots\cdots\cdots\cdots(**)$$

のように定めておけば，0ではない任意の四元数

$$a+bi+cj+dk$$

に対して，(*)より

$$\frac{1}{a+bi+cj+dk}=\frac{a-bi-cj-dk}{a^2+b^2+c^2+d^2}$$

となり，四元数同士の割り算も可能になるのだ．

四元数 $q=t+xi+yj+zk$ に対して，t を「スカラー部（scalar part）」，$xi+yj+zk$ を「ベクトル部（vector parts）」といい，$t=0$，すなわちベクトル部だけの四元数を「純四元数（pure quaternion）」と言ったりする．

いま2つの純四元数

$$q_1=x_1i+y_1j+z_1k, \quad q_1=x_2i+y_2j+z_2k$$

を考え，(**)を用いて2数の積を計算してみると，

$$\begin{aligned} q_1q_2&=(x_1i+y_1j+z_1k)(x_2i+y_2j+z_2k) \\ &=x_1x_2i^2+y_1y_2j^2+z_1z_2k^2 \\ &\qquad +(y_1z_2-y_2z_1)jk+(z_1x_2-z_2x_1)ki+(x_1y_2-x_2y_1)ij \\ &=-(x_1x_2+y_1y_2+z_1z_2)+(y_1z_2-y_2z_1)i \\ &\qquad +(z_1x_2-z_2x_1)j+(x_1y_2-x_2y_1)k \end{aligned}$$

のようになる．

ここで，q_1, q_2 の i, j, k の各成分を成分とする2つのベクトルを

$$\mathbf{u}_1=\begin{bmatrix}x_1\\y_1\\z_1\end{bmatrix},\quad \mathbf{u}_2=\begin{bmatrix}x_2\\y_2\\z_2\end{bmatrix}$$

とおくと，実は

q_1q_2 のスカラー部は，

$$-(x_1x_2+y_1y_2+z_1z_2)=-(\mathbf{u}_1 \text{ と } \mathbf{u}_2 \text{ の内積})$$

q_1q_2 のベクトル部は，

$$(y_1z_2-y_2z_1)i+(z_1x_2-z_2x_1)j+(x_1y_2-x_2y_1)k$$
$$=(\mathbf{u}_1 \text{ と } \mathbf{u}_2 \text{ の外積})$$

となっている．これは，第7章でベクトルの初歩を学んだ人ならばすぐに想起できることであろう．

したがって，もし$(\mathbf{u}_1$ と $\mathbf{u}_2$ の内積$)=0$ であれば，$\mathbf{u}_1$ と $\mathbf{u}_2$ は垂直であり，しかも純四元数の積 q_1q_2 は，$\mathbf{u}_1$ と $\mathbf{u}_2$ との双方に垂直なベクトルの成分を与えていることが分かる．

これは，四元数の著しい特徴であり，これからも分かるように純四元数は3次元の空間ベクトルの様相を呈してくるのである．

次に図Ⅰのように空間ベクトル

$$\mathbf{u}=\begin{bmatrix}x\\y\\z\end{bmatrix}$$

を原点Oを通る直線OLのまわりに θ だけ回転したべ

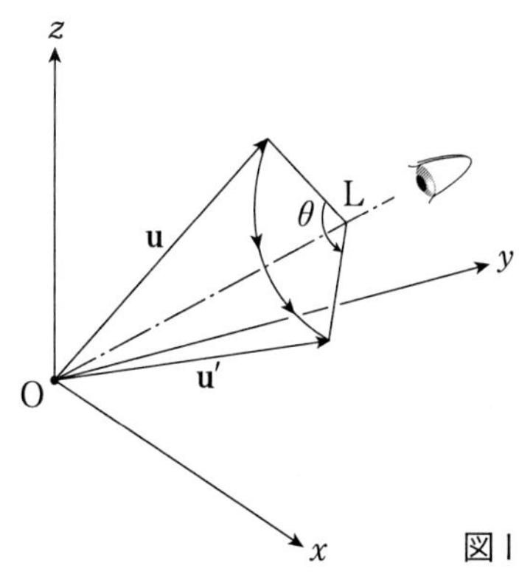

図Ⅰ

クトル

$$\mathbf{u}' = \begin{bmatrix} x' \\ y' \\ z' \end{bmatrix}$$

が，四元数を用いてどのような式で表現できるかを紹介してみよう．

図IIのように直線OLとx軸，y軸，z軸のなす角をそれぞれα, β, γとし，その方向余弦をl, m, nとする．すなわち

$$l = \cos\alpha,\ m = \cos\beta,\ n = \cos\gamma$$
$$(l^2 + m^2 + n^2 = 1)$$

とする．

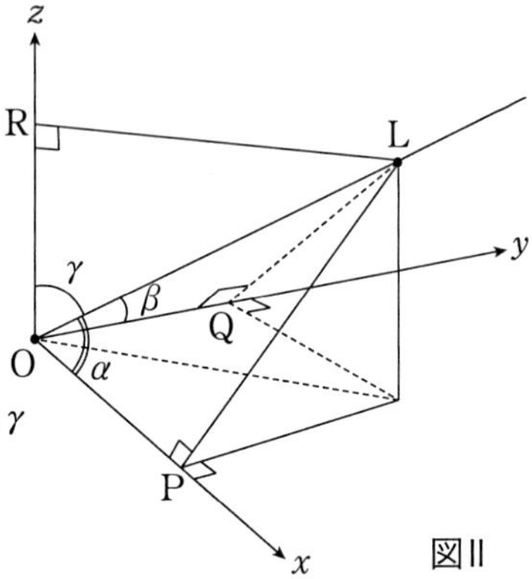

図II

$$\left(\begin{aligned} &(\mathrm{OL}l)^2 + (\mathrm{OL}m)^2 + (\mathrm{OL}n)^2 \\ &= \mathrm{OP}^2 + \mathrm{OQ}^2 + \mathrm{OR}^2 = \mathrm{OL}^2 \\ &\therefore\ l^2 + m^2 + n^2 = 1 \end{aligned}\right)$$

また，点Lから点Oを見て，反時計まわりの角を正とし，

u に対応する四元数を

$$q = xi + yj + zk$$

u$'$ に対応する四元数を

$$q' = x'i + y'j + z'k$$

とする．このとき，

$$q' = \left\{\cos\frac{\theta}{2} + (li + mj + nk)\sin\frac{\theta}{2}\right\} \times q \times \left\{\cos\frac{\theta}{2} - (li + mj + nk)\sin\frac{\theta}{2}\right\} \cdots\cdots\cdots\cdots (***)$$

が成り立つ．

これを具体例を通して確認してみよう．

回転軸 OL として x 軸をとる，すなわち $l=1,\ m=0,\ n=0$ とし，原点 O から y 軸上の点 B(0,1,0) に向かうベクトル $\overrightarrow{\mathrm{OB}}$ を $\mathbf{u}$ としよう．このとき，$0\cdot i+1\cdot j+0\cdot k=j$ であるから，(∗∗∗)から，

$$
\begin{aligned}
q' &= \left(\cos\frac{\theta}{2}+i\sin\frac{\theta}{2}\right)\times j\times\left(\cos\frac{\theta}{2}-i\sin\frac{\theta}{2}\right)\\
&= \left(\cos\frac{\theta}{2}+i\sin\frac{\theta}{2}\right)\times\left(j\cos\frac{\theta}{2}+k\sin\frac{\theta}{2}\right) \quad (\because\ ji=-k)\\
&= j\cos^2\frac{\theta}{2}+ik\sin^2\frac{\theta}{2}+k\cos\frac{\theta}{2}\sin\frac{\theta}{2}+ij\sin\frac{\theta}{2}\cos\frac{\theta}{2}\\
&= j\left(\cos^2\frac{\theta}{2}-\sin^2\frac{\theta}{2}\right)+k\left(\cos\frac{\theta}{2}\sin\frac{\theta}{2}+\sin\frac{\theta}{2}\cos\frac{\theta}{2}\right)\\
&\qquad\qquad (\because\ ik=-j,\ ij=k)\\
&= j\cos\theta+k\sin\theta \quad (\because \text{加法定理})
\end{aligned}
$$

となって，確かに(∗∗∗)は回転を表している．

この一般的な証明は本書の範囲を超えるのでここでは深入りしないが，興味のある人はたとえば高木貞治の『代数学講義』の第1章§6を参照されるといいだろう．

四元数の著しい特徴は，「交換法則が成り立たない」ということであり，私たち人類は，ハミルトンによって初めて「交換律の成立しない数体系」を発見したのだ．

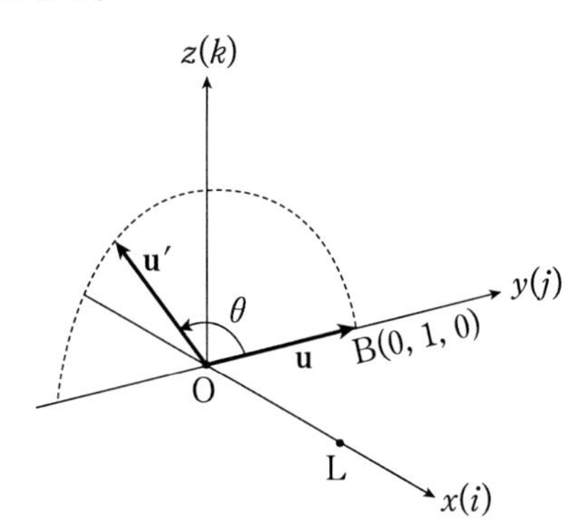

私たちは，方程式

$$x^2+1=0$$

を契機に虚数単位 $i=\sqrt{-1}$ を導入し，これが平面ベクトルに対して回転の働きをもつことから，今度は空間ベクトルに対して回転の働きをもつような「$1, i, j, k$」をユニットとする「四元数」を作り出した．

この「四元数」は，方程式に触発されたものではなく，割り算の可能性の保証と空間ベクトルの回転運動を考えることを契機にして生まれてきていたのは注目していいことだ．

すでに，虚数 i を導入した時点で，「数」の意味は変容しつつあった．それは，従来の「量」を表すものではなく，「1」を単位とする実数世界とは別の異世界の単位を表す「シンボル」になった．そしてそのシンボルに導かれるようにして，私たちはいつの間にか 2 次元や 4 次元の世界に迷い込んだのだ．

実数の集合 $\mathbb{R}$ は「1」をユニットとする 1 次元の世界だ．複素数の世界 $\mathbb{C}$ は，「1」と「i」という 2 つをユニットとする 2 次元の世界である．回転を表す複素数 $z=\cos\theta+i\sin\theta$ は，2 次元平面上の単位円

$$x^2+y^2=1 \quad (x=\cos\theta,\ y=\sin\theta)$$

の上のある点に対応している．

四元数の世界は「1」「i」「j」「k」の 4 つをユニットとする 4 次元の世界であり，回転を考えたときに登場した

$$\begin{aligned} q &= \cos\frac{\theta}{2}+(li+mj+nk)\sin\frac{\theta}{2} \\ &= \left(\cos\frac{\theta}{2}\right)1+\left(l\sin\frac{\theta}{2}\right)i+\left(m\sin\frac{\theta}{2}\right)j+\left(n\sin\frac{\theta}{2}\right)k \end{aligned}$$

は，$l^2+m^2+n^2=1$，$\cos^2\dfrac{\theta}{2}+\sin^2\dfrac{\theta}{2}=1$ だから，4 次元空間の中にある単位球

$$t^2+x^2+y^2+z^2=1$$

$$\left(t=\cos\frac{\theta}{2},\ x=l\sin\frac{\theta}{2},\ y=m\sin\frac{\theta}{2},\ z=n\sin\frac{\theta}{2}\right)$$

上のある点に対応しているのである．

まことに面白いというほかはない．

8-5　四元数以後（行列，ベクトル空間）

四元数は，力学の研究に大きな力を発揮したが，同時にこれは数学者たちを，さらに多くのユニットをもった「数体系」の研究に向かわせた．これが，こんにち言うところのベクトル空間（線形空間）や線形代数学の濫觴（らんしょう）となる．

すでに1845年，イギリスの数学者**アーサー・ケーリー**（1821〜1895）は，四元数のペアからなる「八元数（octonions）」を考え出している．これは，こんにち「ケーリー数」とも言われているが，この「数体系」においては，「交換法則」のみならず「結合法則」も成立しない．すなわち，一般に

$$(ab)c \neq a(bc)$$

となるのである．

ケーリーは，行列を体系的に研究した最初の数学者であるが，彼はハミルトンの四元数と行列との間に

$$1 \Longleftrightarrow E=\begin{bmatrix}1 & 0\\ 0 & 1\end{bmatrix},\qquad i \Longleftrightarrow F=\begin{bmatrix}0 & i\\ i & 0\end{bmatrix}$$

$$j \Longleftrightarrow G=\begin{bmatrix}0 & 1\\ -1 & 0\end{bmatrix},\quad k \Longleftrightarrow H=\begin{bmatrix}-i & 0\\ 0 & i\end{bmatrix}$$

のような対応を考え，

$$F^2=G^2=H^2=-E$$

$$FG=-GF=H,\ \ GH=-HG=F,\ \ HF=-FH=G$$

が成り立つことを示して，四元数 $a+bi+cj+dk$ と，

$$aE+bF+cG+dH$$
$$=a\begin{bmatrix}1 & 0\\0 & 1\end{bmatrix}+b\begin{bmatrix}0 & i\\i & 0\end{bmatrix}+c\begin{bmatrix}0 & 1\\-1 & 0\end{bmatrix}+d\begin{bmatrix}-i & 0\\0 & i\end{bmatrix}$$
$$=\begin{bmatrix}a-di & c+bi\\-c+bi & a+di\end{bmatrix}$$

という形の 2 次の複素行列の集合が「同型」であることを示している．「同型」とは，2 つの集合の骨組み，構造が同じ，ということだ．

これはちょうど，複素数 $a+bi$ と，

$$\begin{bmatrix}a & -b\\b & a\end{bmatrix}$$

とが「同型」であるのと同じことである．実際，

$$A=\begin{bmatrix}a & -b\\b & a\end{bmatrix}\to\alpha=a+bi,\quad B=\begin{bmatrix}c & -d\\d & c\end{bmatrix}\to\beta=c+di$$

のような写像を f，すなわち $f(A)=\alpha$, $f(B)=\beta$ とすると，

$$A+B=\begin{bmatrix}a+c & -(b+d)\\b+d & a+c\end{bmatrix}$$

$$AB=\begin{bmatrix}a & -b\\b & a\end{bmatrix}\begin{bmatrix}c & -d\\d & c\end{bmatrix}=\begin{bmatrix}ac-bd & -(ad+bc)\\ad+bc & ac-bd\end{bmatrix}$$

$$A^{-1}=\frac{1}{a^2+b^2}\begin{bmatrix}a & b\\-b & a\end{bmatrix}$$

であるから

$$
\begin{aligned}
f(A+B) &= (a+c)+(b+d)i \\
&= (a+bi)+(c+di) = \alpha+\beta \\
f(AB) &= (ac+bd)+(ad+bc)i \\
&= (a+bi)(c+di) = \alpha+\beta \\
f(A^{-1}) &= \frac{a-bi}{a^2+b^2} = \frac{a-bi}{(a+bi)(a-bi)} \\
&= \frac{1}{a+bi} = \frac{1}{\alpha} = \alpha^{-1}
\end{aligned}
$$

などが成り立つのである．

ケーリーの「八元数」は数学者たちの興味を余り引かなかったようであるが，このような流れの中で，「0でない要素に対して，その逆数（＝逆元）がつねに存在する」ような「数のシステム（これを専門的には多元体（＝division algebra）という）」が，他にも存在するか，ということが問題になった．これに対する最終的な答えは，1958年にJ.F.アダムス（1930～1989）という数学者が与えている．その答えは，「NO」である．

また，「四元数」は，1844年に『広延論』を発表したドイツの数学者H.G.グラスマン（1809～1899）の「グラスマン代数（＝外積代数）」やイギリスのW.K.クリフォード（1845～1879）の「クリフォード代数」と言われるものも生み出した．

「グラスマン代数」とは，体 K（有理数や実数のような四則演算ができる数体系と思っておけばよい）の上で，1と n 個のユニット

$$u_1,\ u_2,\ \cdots\cdots,\ u_n$$

を基底として，これらの間に，

$$
\begin{aligned}
&1\cdot u_i = u_i\cdot 1,\quad u_i^2 = 0 \quad (i=1,2,\cdots,n) \\
&u_i u_j = -u_j u_i \quad (i \neq j)
\end{aligned}
$$

という算法を定義して得られる「多元環（hypercomplex number

system)」と呼ばれるシステムである．上の算法が，四元数の

$$i^2 = j^2 = k^2 = -1,$$
$$ij = -ji = k, \quad jk = -kj = i, \quad ki = -ik = j$$

を意識して定義されているのは明らかであろう．もう少し正確に言えば，$u_i^2 = 0$ はベクトルの外積 $a \times a = 0$ の，また $u_i u_j = -u_j u_i$ は $a \times b = -b \times a$ の一般化である．「外積代数」と言われる所以である．

また，この定義に出てきた「多元環」とは，体 K 上で定義された有限次元(基底となるユニットが有限個)のベクトル空間 R が，次の 2 条件を満たすときをいう．すなわち，

(1) 掛け算が定義されていて，それにより R が環(割り算はできなくてもいいシステムで，整数の集合 $\mathbb{Z}$ の世界のようなもの，と考えておけばよい．$\frac{[整数]}{[整数]}$は，必ずしも整数にはならず，この場合,「割り算ができない」と言う)となる．

(2) $\alpha \in K$，$u \in R$，$v \in R$ に対して，

$$\alpha(uv) = (\alpha u)v = u(\alpha v)$$

が成り立つ．

ちなみに，実数を成分とする 2 次正方行列の世界は，実数体(実数の集合は「体」である) K 上の 4 つのユニットをもつ多元環(これを「階数 4 の多元環」という)であり，また実数の n 次正方行列全体も階数 n^2 の多元環である．

さらにアメリカのベンジャミン・パース(1809 〜 1880)は「線形結合代数(linear associative algebra)」というものを考え出したが，この人は第 1 章で『連続性の哲学』の著者として取り上げた

哲学者チャールズ・サンダース・パースの父親である．

彼は，n 個の基本ユニット

$$e_1,\ e_2,\ \cdots\cdots,\ e_n$$

を考え，これらのユニットの2つのあらゆる積 e_je_k を e_1, e_2, ……, e_n の線形結合，すなわち

$$e_je_k=\sum_{i=1}^{n}c_{ijk}e_i=c_{1jk}e_1+c_{2jk}e_2+\cdots\cdots+c_{njk}e_n$$

の形で表して「乗積表」を作り，しかも常に $(e_ie_j)e_k=e_i(e_je_k)$（結合法則）が成り立つような数のシステムを考察したのである．

パースはなんと，162通りの異なる数のシステムに対する乗積表をすべて調べ上げている．

H. ワイル（1885～1955）などによってベクトル空間（＝線形空間）の概念が確立されたのは，1920年代に入ってからと言われているが，すでにグラスマンやパースによってその概念は十分に成熟していたとみるべきであろう．ここで詳論するわけにはいかないが，彼等は，線形空間における，基底，独立性，生成，部分空間，次元といった最も基本的かつ重要な概念についても議論しているのだ．

ともあれ，複素数，四元数に端を発した研究は，n 次元ベクトル空間や一般の線形空間の研究に発展していったのである．

第9章

関数の無限級数表示について

9-1 多項式関数と超越関数の夢の浮き橋

私たちはこれまで「π, e, i」という「数」について考えてきた．また，e^x という指数関数についてもすでに十分な知識を持っている．しかし，これだけから，

$$e^{i\pi}=-1$$

を，「分かる」ことは不可能である．なぜなら，私たちはまだ，a^x において x が実数までの意味の流通場までしか考えてはいないからだ．

「$e^{i\pi}$」などというものは，これまでに考えてきた意味の流通場に放り込んでも，まったくその意味が浮かび上がってこない．新しい意味の流通場が必要なのだ．

いま $f(x)=1+x+x^2$，$g(x)=e^x$ としてみよう．$f(x)$ は「多項式関数」であり，$g(x)$ は「超越関数」だ．ちなみに，指数関数や対数関数，三角関数などが超越関数の仲間である．

$f(x)$ も $g(x)$ もともに「関数」と呼ばれるが，$f(i)$ は

$$f(i)=1+(i)+(i)^2=1+i+(-1)=i$$

という複素数を表し，一方 $g(i)=e^i$ は無愛想であり，依然として何がなんだか判然としない．$f(x)$ と $g(x)$ とはまったく異質な関数，永遠に「水と油」の関係なのだろうか．

しかし，$g(x)$ が $f(x)$ 同様に「関数」であるならば，形式的統一という観点から考えてみて $g(i)$ に意味を持たせるべきであろう．$g(x)$ が $f(x)$ のような $1, x, x^2, \cdots, x^n$ の１次結合，すなわち

$$g(x)=a_0+a_1x+a_2x^2+\cdots+a_nx^n \qquad \cdots\cdots(*)$$

のような形で書ければよいのだ．もし，このような形で書ければ，

$$e^i = a_0 + a_1 i + a_2 i^2 + \cdots\cdots + a_n i^n$$

となり，$e^{i\pi}$ だって，それが何を表すかを考えることができるはずだ．

問題は，$g(x)$ と $f(x)$ という二艘の船の間に「浮き橋」を架けることであり，この掛け橋が，新たな意味の流通場を創出することになるだろう．しかし，そのためにはまず「微分積分学」の名所旧跡を少しばかり訪ねてみる必要がある．

9-2　微分法へのガイダンス

私がはじめて「微分積分」というものを知ったのは山口恭著『微分・積分入門』(コロナ社)という本を通してであったが，この本の第1章の §1 の「広がる波紋」は，今も強烈に印象に残っている．というのは，その抒情的なタイトルもさることながら，そこで提起されていた「円の面積からどのようにして円周の長さが導かれ，また円周の長さからどのようにして円の面積が求められるのか？」という問題とその説明とが，私に「微小な変化量」について考えるきっかけを与えてくれたからである．

たとえば，こんなふうな説明がある．

いくら紙の上に正確な円を描いたって，この二つのものの関係はじつは決して分からないのである．これこそ波立たぬ水面に石を投じて，徐々に，微妙に広がりゆく波紋をじっと見つめ，しだいに増大する円の変化を動的に捕える，つぎのような操作によってしか解き明かしえない秘密なのである．

いくら正確に円を描いたとしても決して分からない，徐々に，微妙に広がりゆく波紋の秘密とは何か？　この秘密を，山口恭氏の説明に沿って，解説してみよう．

いま，ある円を考えよう．この円は静止した円ではなく「波紋のように」瞬間瞬間にその半径が増大して絶えず広がってゆく変化する円とする．そして，ある瞬間における円の半径を r とし，次の瞬間において円の半径が Δr（「デルタ・アール」と読む）だけ増加したとしよう．

この Δr を r の「増分」と言うが，この増分はいつもプラスとは限らない．減っていく場合でも“減分”などとは言わずにやはり「増分」といい，この場合はマイナスである．また，記号 Δ には，「微小な変化の量」という気持ちが込められている．

さて，半径 r のときの円の面積を S とし，半径 $r+\Delta r$ のときの面積を $S+\Delta S$（ΔS は面積の増分）とすると，

$$S=\pi r^2$$

$$S+\Delta S=\pi(r+\Delta r)^2$$

となり，したがって面積の増分は，

$$\Delta S=\pi(r+\Delta r)^2-\pi r^2=\pi(2r+\Delta r)\Delta r$$

この式の両辺を Δr で割ってみる．つまり，「面積の微小な増分 ΔS と半径の微小な増分 Δr との比」を考えることにすると，

$$\frac{\Delta S}{\Delta r}=\pi(2r+\Delta r) \qquad \cdots\cdots\cdots\cdots ①$$

のようになる．

さて，ここで半径の微小な増分 Δr が，「あるかなきか」ほどにも小さいとき，すなわち

$$\Delta r\to 0\ (\Delta r \text{ が，限りなく } 0 \text{ に近づく})$$

のとき，

$$\frac{\Delta S}{\Delta r} = \pi(2r+\Delta r) \to 2\pi r$$

となる．言い換えれば，

$$\frac{\Delta S}{\Delta r} = 2\pi r \ (\Delta r \to 0 \text{ のとき}) \qquad \cdots\cdots\cdots\cdots②$$

この個所について，山口恭氏は「このとき，①の左辺の Δr は分数の分母であるから，これをむやみと0そのものに見なすわけにはいかないが，右辺の Δr はそれ自身単独の値であるから，これを0と見做し得ると，弾力性ある，動的な考え方をする」と述べられているが，確かにこの部分は難しく釈然としないところだろう．

一方，図(大円と小円のちょうど中間にあるのが点線で示した円)に戻って「視察」すると，

$$\Delta S = (\text{点線の円の周の長さ}) \times \Delta r$$

が成り立つと考えてもよさそうだ．もちろん，これはちゃんとした議論で示すことができる．そして，$\Delta r \to 0$ のとき，大円も，したがって点線の円も，すべて小円に一致すると考えられるので，$\Delta r \to 0$ のときは，

$$\Delta S = (\text{半径 } r \text{ の円の周の長さ}) \times \Delta r$$

$$\therefore \quad \frac{\Delta S}{\Delta r} = (\text{半径 } r \text{ の円の周の長さ}) \qquad \cdots\cdots\cdots③$$

②と③を比べることによって，

$$(\text{半径 } r \text{ の円の周の長さ}) = 2\pi r$$

であることがわかる．

この部分を数学的にもう少し正確に書くと

$$\lim_{\Delta r \to 0} \frac{\Delta S}{\Delta r} = 2\pi r$$

のようになるが，lim は「リミット」と読み，「**極限**」を意味してい

る．

ライプニッツは「$\lim_{\Delta r\to 0}\dfrac{\Delta S}{\Delta r}$」を $\dfrac{dS}{dr}$（これは「ディーエス・ディーアール」と読む．気持ちの上では，「ディーアール分のディーエス」のような「限りなく微小な量の作る分数」だがこのようには読まない）と書き記したが，$S=\pi r^2$ から $\dfrac{dS}{dr}=2\pi r$ を求めることを，

S を r について微分する

という．

要するに「微分する」とは微小なるものと，微小なるものとの比の極限値を求める」ことに他ならないわけで，「広がる波紋」から分かったことは，「面積を微分すれば円周が得られる」ということであった．

9-3 無限小というものをめぐって

微分積分学が，二人の天才ニュートン（1642 ～ 1727）とライプニッツ（1646 ～ 1716）によって発見されたことはよく知られている．ニュートンは物体の運動を数学的に記述するために，またライプニッツは極限概念の記号法を確立するために，それぞれ微分積分学を創造したのである．当時，「微分積分の最初の発見者（発明者？）がニュートンかライプニッツか」をめぐり，イギリス人とドイツ人との間の国民感情も手伝って激しい論争が久しく展開されたことは周知の事実であるが，今日では，一応二人がそれぞれ別の立場から独立に発見した，ということになっている．

関数 $y=f(x)$ と $x=a$ に対して，x の増分 Δx と y の増分

$$\Delta y=f(a+\Delta x)-f(a)$$

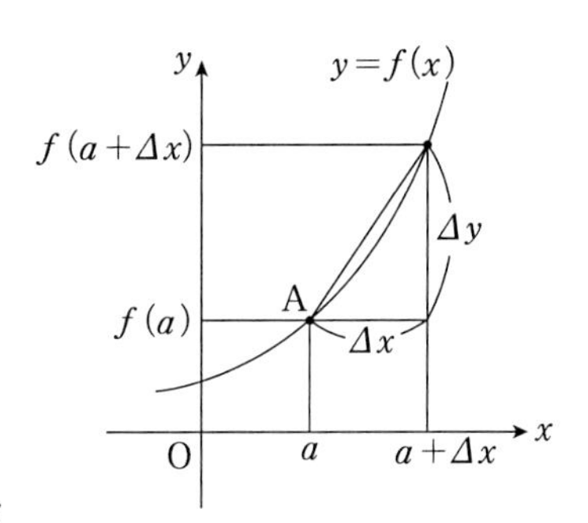

を考え，極限値

$$\lim_{\Delta x \to 0}\frac{\Delta y}{\Delta x}$$

$$= \lim_{\Delta x \to 0}\frac{f(a+\Delta x)-f(a)}{\Delta x}$$

が存在するとき，この値を

$$f'(a)$$

と書き，これを $f(x)$ の $x=a$ における「**微分係数**」という．

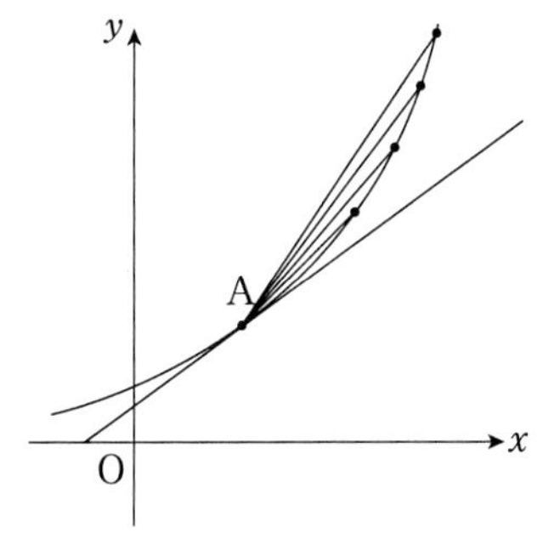

$y=f(x)$ のグラフにおける微分係数の図形的な意味をごく素朴に考えると，右図からも分かるように，点Aにおける接線の傾きを表している，といえる．

この微分係数 $f'(a)$ を a の関数と考え，その「関数性」を強調して $f'(x)$ と書く場合，これを $f(x)$ の「**導関数**(derived function)」という．すなわち，

$$f'(x)=\lim_{\Delta x \to 0}\frac{\Delta y}{\Delta x}=\lim_{\Delta x \to 0}\frac{f(x+\Delta x)-f(x)}{\Delta x}$$

が，導関数の定義である．$y=f(x)$ の導関数は，

$$y',\ \frac{dy}{dx},\ \frac{df}{dx},\ \{f(x)\}',\ \frac{df(x)}{dx},\ \frac{d}{dx}f(x)$$

のように書かれることもある．

$\lim_{\Delta x \to 0}\frac{\Delta y}{\Delta x}$ を $\frac{dy}{dx}$ のように書く記法は，ライプニッツをもって嚆矢(こうし)とするが，この書き方は有限な微小量 Δx や Δy がその極限に至って，ついに dx や dy に変貌する，といったイメージがと

もなう．では，無限に小さい量（？）dx や dy とはそもそも何なのか？ちなみに，ニュートンは y の導関数を $\dot{y}$ のように記した．

ここで，上の定義にしたがって，$f(x)=1$, $f(x)=x$, $f(x)=x^2$ の導関数を求めてみよう．

（i）$f(x)=1$ のとき，

$$f'(x)=\lim_{\Delta x\to 0}\frac{\Delta y}{\Delta x}=\lim_{\Delta x\to 0}\frac{f(x+\Delta x)-f(x)}{\Delta x}$$
$$=\lim_{\Delta x\to 0}\frac{1-1}{\Delta x}=\lim_{\Delta x\to 0}\frac{0}{\Delta x}=0$$

（ii）$f(x)=x$ のとき，

$$f'(x)=\lim_{\Delta x\to 0}\frac{\Delta y}{\Delta x}=\lim_{\Delta x\to 0}\frac{f(x+\Delta x)-f(x)}{\Delta x}$$
$$=\lim_{\Delta x\to 0}\frac{(x+\Delta x)-x}{\Delta x}=\lim_{\Delta x\to 0}\frac{\Delta x}{\Delta x}=\lim_{\Delta x\to 0}\frac{1}{1}=1$$

（iii）$f(x)=x^2$ のとき，

$$f'(x)=\lim_{\Delta x\to 0}\frac{\Delta y}{\Delta x}=\lim_{\Delta x\to 0}\frac{f(x+\Delta x)-f(x)}{\Delta x}=\lim_{\Delta x\to 0}\frac{(x+\Delta x)^2-x^2}{\Delta x}$$
$$=\lim_{\Delta x\to 0}\frac{(2x+\Delta x)\Delta x}{\Delta x}=\lim_{\Delta x\to 0}(2x+\Delta x)=2x$$

以上で，$(1)'=0$，$(x)'=1$，$(x^2)'=2x$ であることが分かったが，ここまで読まれた読者の中には，何か曰く言いがたい違和感を持たれた方がいるのではないだろうか．その違和感とは，Δx が 0 に近づくとき Δy もどんどん 0 に近づき，つまりは「$\dfrac{\Delta y}{\Delta x}\to\dfrac{0}{0}$」ということになって，そもそも $\displaystyle\lim_{\Delta x\to 0}\frac{\Delta y}{\Delta x}$ を考えること自体が無意味ではないのか，という疑問である．

これは，生徒たちからもときどき受ける質問で，たとえば $f(x)=x^2$ に対して，

$$\lim_{\Delta x \to 0} \frac{(x+\Delta x)^2 - x^2}{\Delta x}$$

の段階では，$\Delta x = 0$ とはしないが

$$\lim_{\Delta x \to 0} (2x+\Delta x)$$

では $\Delta x = 0$ とし，この式を $2x$ とするのはどうしてか，というものだ．Δx は0にどんどん近づくことはあっても，Δx は決して0そのものではない！

微分法をはじめて知ったとき，物分りの悪い私自身もこの疑問には，随分と悩んだものだ．しかし，一方でそんなこととは別に，「広がる波紋」での説明のように，面積から見事に円周の長さが導かれるのも紛れもない事実なのだ．しかし，この認識と現実とのギャップをどのように解消すればよいのか．

実は，上に述べてきたような生徒やかつての私が抱いた違和感は，すでにニュートン，ライプニッツの時代からあった．その典型的な例がロックの後継者とされる**ジョージ・バークリ**(1685～1753)という哲学者である．彼は，当時の流行であった「理神論」に反旗を翻した熱烈なキリスト者でもあり，デリの司祭長まで務めた人物だ．ごく若い頃の彼は，数学の学的価値を賛美しているが，しかし『人知原理論』では「このように思惟を天翔らせて抽象を事とすることを価値低く思うであろうし，数に関する探求が実用に役立って人生の福利を促進するものでない限り，そうした探求をもってそれだけの小難しい遊びごとと見做すであろう」と書き残している．

バークリは1734年に出版した『Analyst』という本(この本は，ニュートンの友人にして「不信仰な数学者」エドモンド・ハレーに対して書かれたものだと言われている)で，「$2x+\Delta x$」において $\Delta x = 0$ とするのは，なんとしても承服しがたいという趣旨のこ

とを次のように述べている――「省略された項（つまり Δx）が，極めて小さい量であるというのも無益である．なぜなら数学に関する事柄においては，誤差はどんなに小さいものであっても軽蔑されるべきではないと言われているからである．もし何か省略されるなら，それがどんなに小さくとも，我々はもはや正確な速度を得たということはできず，単に近似値を得たに過ぎない」．そして，バークリは次のように止めを刺す――「流率とは何か？ 消滅する増分の速度である．そしてこれらの同じ消滅する増分とは何か？ それらは有限な量でもなく，無限に小さな量でもなく，無でもない．それらは死んだ量の亡霊と呼んではいけないだろうか？」

「死んだ量の亡霊」とは，なかなかうまいことをいうものであるが，ニュートンは，質点の移動距離 s（正確には変位）を時間 t の関数として捉え，速度 $v=\dfrac{ds}{dt}$（＝微分係数）を「流率（flux）」と呼んだ．ちなみに，加速度 a は速度の流率 $\dfrac{dv}{dt}$ として得られる．

ところで，こうした問題に対してニュートン自身はどのように考えていたのであろうか．1687年に出版された『プリンキピア（自然哲学の数学的原理）』の第1巻第1部の終わりには次のような註がある．

だんだんと減少する2つの究極の比というものは存在しない，という反対が起こるかもしれない．なぜなら，これらの量が0となる直前においては，その比は究極の比ではないだろうし，0となれば比がなくなるからである．であるとすれば，同じ論法によって，ある場所に到達しつつあり，そこに止まる物体は究極の速度を持たないと主張できる．なぜなら，物体がその場所に来ない前の速度は，究極の速度ではなく，また，それが到着すれば速度は失われるからである．

しかし，これに答えることは容易である．なぜなら，究極の速度とは物体が最後の場所に到着し，その物体を止める以前でもなければ以後でもなく，それが到着したちょうどその瞬間において物体を動かすもの（つまり速度）であるからである．（略）

量が0となる究極の比とは，実は究極の量の比ではなく，だんだん減少してゆく量の比が，それに向かって無限にたえず収束するところの極限である．そして，その比はいかなる与えられた隔たりよりも小さくこの極限に近づく．

ニュートンのこの説明を読んで，「なるほど」と納得する人もいるだろうが，後味の悪い読後感を持つ人もいるに違いない．どちらかと言うと，私も後者の部類であるが，このような「註」を書かざるを得なかったことは，物理現象の説明としてはともかく，ニュートン自身も「量が0となる究極の比」を，「哲学的」にどのように捉えるべきか，考えあぐねていた証拠と言えなくもない．

では，ライプニッツはこの問題をどのように考えていたのか．1695年に書かれた『実体の本性および実体の交通並びに精神物体間に存する結合についての新説』という長いタイトルの論文の中に，この問題に対するライプニッツの答えの片鱗が伺える．是非はともかく，ライプニッツはニュートンより，はるかに哲学的，形而上学的，いや宗教的でさえある．その内容をかいつまんで紹介しよう．

(1) 機械論的な自然観に立脚して，自然現象を説明する近世の学者の見事なやり方は，自分を非常に喜ばせた．

(2) しかし，自然を研究しているうちに，機械仕掛けの神を持ち出し，それ自身背理であるデモクリトス的な原子を考察するだけは不十分であることに気づいた．

(3) そこで，「物理的点」でもなく，「数学的点」でもない，「精神」をもって構成される「形而上学的点」を考えた．

(4) すると，宇宙の各実体において規定される相互関係が「精神と物体との結合」を生み出していることが分かり，その間の交通も，よく理解できるようになった．

ここで言う「形而上学的点」とは何か．これは，はなはだ難しい問題で，第1章で紹介したあの連続性の哲学者パースの言説を想起させるが，ここではとりあえずは「人間精神の本性」そのものを表出している「点」と考えておけばいいだろう．実際，ライプニッツは次のように語っている．

> 我々の内部知覚は，外部における存在にともなう現象，あるいはいわば辻褄の合った夢にすぎないのであるから，精神そのものの内に起こるこの内部表象は，精神自身の根源的な構造によって，すなわち自分の外にある存在を自分の器官に応じて表出することのできる表現的本性によって起こるものに違いない．（略）精神の本性は宇宙を極めて厳密に表現しているから，精神が内に算出する表現の系列は，自然的に宇宙そのものの変化の系列に対応する．

おそらく，「dx」という形而上学的点，すなわち無限小量を表す記号は，ライプニッツのこのような思想から生まれたものであり，やがてこの思想は1714年に書き上げられる『単子論（モナドロジー）』に結実していく．

「形而上学的点 $= dx =$ 単子（モナド）」とは，ライプニッツにとっては何よりもまず，「人間精神」そのものの本質的「表出現象」

でなければならなかった．そしてそこには，ライプニッツの深い宗教的，詩的衝動があったと言うべきで，それゆえ「モナドの中には，一種の完成した性質がある．一種の自足性がある．そのおかげでモナドは，自分自身の内部作用の源になっている」と書いた『単子論』で，ライプニッツは「すべての精神が集まってできる神の国」について次のように述べるのだ．

この神の国，この真に普遍的な王国こそ，宇宙の中にある道徳的世界である．神の作品の中においても，これはもっとも高く，もっとも神に近い．神の栄光も，まさにここに宿っている．もし神の偉大さと善意とが，精神によって認められ，賛美されるのでなかったら，神の栄光はないに等しいからである．また，神の知恵や神の力は，どこにも示されているが，神がほんとうに善意をもって対しているのは，この神の国をおいてない．

私たちには，このように語られるライプニッツの予定調和に満ちた「神の国」をすんなり理解することは困難だろうが，dx を理解するには，ライプニッツのような「形而上学的点」といった視点が必要なのかもしれない．

とはいえ，こうした議論で「極限概念」が確立され解決されたわけではない．20世紀においても，「ブルバキ」の創設者の一人であるジャン・デュドネは「$\dfrac{0}{0}$ が無意味であることを切り抜けるために，ライプニッツのごとく《無限小》を用いるとか，ニュートンのように《消滅する量の最終的な比》といったりするのだが，いずれも思想の不明確さを言葉の綾で隠そうとしているにすぎない」と述べている．

数学的に「極限」の概念が確立されるのは，コーシー（1789～

1857）の登場を待ってであり，彼は，$\lim_{\Delta x \to 0} \frac{\Delta y}{\Delta x} = u$ を，任意の正数 ε に対して，ある正数 δ が定まって

$$|\Delta x| < \delta \quad \text{ならば} \quad \left| \frac{\Delta y}{\Delta x} - u \right| < \varepsilon$$

が成り立つことであると定義する．これは要するに，Δx を小さくとれば，$\frac{\Delta y}{\Delta x}$ と u との差をいくらでも小さくできるということに他ならない．このややこしい説明は，大学の初年級で教わるいわゆる「$\varepsilon - \delta$ 論法」といわれるものである．

学生時代，このコーシーの定義に曰く言い難い違和感を抱いて付き合っていた私は，この定義は「極限」そのものについて述べたものと言うよりも，「極限」を捉えるための「手続き」について述べたものではないか，と感じていた．もちろん「手続き」は大切である．いや，それ以上の意味がある．しかし，この説明は「極限」そのもの，「無限小」そのものの定義とは私にはどうしても感じられなかった．むしろ，ライプニッツの「形而上学的な点＝モナド」を復活させるべきではないか．

1960 年，実際にライプニッツの「無限小量」を復活させた数学者が登場する．エイブラハム・ロビンソンである．私は，彼の存在をキースラー著『無限小解析の基礎』という本で知ったが，訳者の斎藤正彦氏は「訳者まえがき」で，次のように述べている．

ニュートンとライプニッツによって微積分が創始されてから 300 年がたつ．無限小量にもとづくライプニッツ流の理論は，その優れた記号法とあいまって大いに発展した．しかし，ライプニツ自身をはじめとする多くの数学者の努力にも拘わらず，無限小量を厳密に定義し扱うことは遂にできなかった．そのかわりに，コーシー，ワイヤストラス，ボルツアノ等による有名な $\varepsilon - \delta$ 論法が

微積分を基礎づけることになる．この一旦滅びた無限小量は，今から20年ほど前，A．ロビンソンによって復活された．超準解析(nonstandard analysis)と呼ばれるロビンソンの理論は射程の非常に大きいもので，無限小解析にとどまらず，純粋および応用数学の各分野での新手法として急速に発展しつつある．

従来の実数に「無限小量」を付加して得られるロビンソンの「超実数」に触れる者は，「人間の感性」が一つの美しい形式を得て生き生きとよみがえるのを実感するはずである．一言で言えば，ロビンソンは従来の言語の作る世界(従来の実数の世界)のほかに，その言語のルールでは表現できない世界(無限小量の世界)を是認することから出発し，その世界に論理的に正確な「言語形式」を与えることに成功したのである．コーシーの極限の定義は「小説」だが，ロビンソンの定義は「詩」そのものだ．

「無限小量(dx)」とは何か．おそらく，これは「人間精神の本質」に根ざした何ものかである，というのは言い過ぎなのだろうか．なお，こうした問題に興味のある人は，高瀬正仁氏の『dxとdyの解析学』(日本評論社)を一読されるといいだろう．

9-4　導関数の公式

e^xとxの多項式関数(＝整関数)$a_0+a_1x+a_2x^2+\cdots$とに「夢の浮き橋」を架けるために，これからxのn次関数や指数・対数関数，それから三角関数の導関数，すなわち

$$(x^n)',\ (e^x)',\ (\log x)',\ (\sin x)',\ (\cos x)'$$

などがいったいどうなるかを調べてみなければならない．

ここで，導関数の定義式

$$f'(x)=\lim_{\Delta x\to 0}\frac{f(x+\Delta x)-f(x)}{\Delta x}=\lim_{h\to 0}\frac{f(x+h)-f(x)}{h}\quad (h=\Delta x)$$

を利用して各関数の導関数を導いておこう．

その前にまず，第5章で確認した極限

$$1=\lim_{h\to 0}\frac{e^h-1}{h}$$

$$e=\lim_{n\to\infty}\left(1+\frac{1}{n}\right)^n=\lim_{h\to 0}(1+h)^{\frac{1}{h}}$$

と第6章で確認した

$$1=\lim_{x\to 0}\frac{\sin x}{x}$$

という極限を思い出しておいて頂きたい．

（i）$\boldsymbol{(x^n)'=nx^{n-1}}$　$(n=1,2,3,\cdots)$

$$\begin{aligned}(x^n)'&=\lim_{h\to 0}\frac{(x+h)^n-x^n}{h}\\&=\lim_{h\to 0}\{(x+h)^{n-1}+(x+h)^{n-2}x+\cdots\cdots+(x+h)^{n-2}+x^{n-1}\}\\&=nx^{n-1}\end{aligned}$$

（ii）$\boldsymbol{(e^x)'=e^x}$

$$\begin{aligned}(e^x)'&=\lim_{h\to 0}\frac{e^{x+h}-e^x}{h}=\lim_{h\to 0}\frac{e^x(e^h-1)}{h}=e^x\times\lim_{h\to 0}\frac{e^h-1}{h}\\&=e^x\times 1=e^x\end{aligned}$$

（iii）$\boldsymbol{(\log x)'=\frac{1}{x}}$

$$\begin{aligned}(\log x)'&=\lim_{h\to 0}\frac{\log(x+h)-\log x}{h}\\&=\lim_{h\to 0}\frac{1}{h}\log\left(\frac{x+h}{x}\right)=\lim_{h\to 0}\frac{1}{h}\log\left(1+\frac{h}{x}\right)\\&=\lim_{h\to 0}\frac{1}{x}\cdot\frac{x}{h}\log\left(1+\frac{h}{x}\right)=\frac{1}{x}\times\lim_{h\to 0}\log\left(1+\frac{h}{x}\right)^{\frac{x}{h}}\\&=\frac{1}{x}\times\lim_{k\to 0}\log(1+k)^{\frac{1}{k}}=\frac{1}{x}\times\log e=\frac{1}{x}\times 1=\frac{1}{x}\end{aligned}$$

(iv) $(\sin x)' = \cos x$

$$(\sin x)' = \lim_{h\to 0}\frac{\sin(x+h)-\sin x}{h}$$

$$= \lim_{h\to 0}\frac{2\cos\left(\frac{(x+h)+x}{2}\right)\sin\left(\frac{(x+h)-x}{2}\right)}{h}$$

$$= \lim_{h\to 0}\frac{2\cos\left(x+\frac{h}{2}\right)\sin\frac{h}{2}}{h} = \lim_{h\to 0}\cos\left(x+\frac{h}{2}\right)\times\frac{\sin\frac{h}{2}}{\frac{h}{2}}$$

$$= \cos x \times 1 = \cos x$$

(v) $(\cos x)' = -\sin x$

$$(\cos x)' = \lim_{h\to 0}\frac{\cos(x+h)-\cos x}{h}$$

$$= \lim_{h\to 0}\frac{-2\sin\left(\frac{(x+h)+x}{2}\right)\sin\left(\frac{(x+h)-x}{2}\right)}{h}$$

$$= \lim_{h\to 0}\frac{-2\sin\left(x+\frac{h}{2}\right)\sin\frac{h}{2}}{h} = \lim_{h\to 0}\left\{-\sin\left(x+\frac{h}{2}\right)\right\}\times\frac{\sin\frac{h}{2}}{\frac{h}{2}}$$

$$= -\sin x$$

どうであろうか．とりあえず，これだけのことが理解できていれば十分であるが，このほかにも導関数を求めるための公式には，

(I) $\{k(x)\}' = kf'(x)$ （k は定数）

(II) $\{f(x)+g(x)\}' = f'(x)+g'(x)$,

$\{f(x)-g(x)\}' = f'(x)-g'(x)$

(III) $\{f(x)g(x)\}' = f'(x)g(x)+f(x)g'(x)$ （積の微分公式）

(IV) $\left\{\frac{f(x)}{g(x)}\right\}' = \frac{f'(x)g(x)-f(x)g'(x)}{\{f(x)\}^2}$ （商の微分公式）

のようなものがあり，これらは微分の定義に従えば簡単に示せる．面倒かもしれないが，ここでは微分法に慣れるために商の微分公式(IV)を導いてみよう．

$F(x)=\dfrac{f(x)}{g(x)}$ とおくと，$F(x+h)=\dfrac{f(x+h)}{g(x+h)}$ であるから，

$$\left\{\frac{f(x)}{g(x)}\right\}'=\{F(x)\}'=\lim_{h\to 0}\frac{F(x+h)-F(x)}{h}$$

$$=\lim_{h\to 0}\frac{\dfrac{f(x+h)}{g(x+h)}-\dfrac{f(x)}{g(x)}}{h}$$

$$=\lim_{h\to 0}\frac{1}{h}\cdot\frac{f(x+h)g(x)-f(x)g(x+h)}{g(x+h)g(x)}$$

$$=\lim_{h\to 0}\frac{1}{h}\cdot\frac{f(x+h)g(x)-f(x)g(x)-f(x)g(x+h)+f(x)g(x)}{g(x+h)g(x)}$$

$$=\lim_{h\to 0}\frac{1}{h}\cdot\frac{\{f(x+h)-f(x)\}g(x)-f(x)\{g(x+h)-g(x)\}}{g(x+h)g(x)}$$

$$=\lim_{h\to 0}\frac{\dfrac{f(x+h)-f(x)}{h}\cdot g(x)-f(x)\cdot\dfrac{g(x+h)-g(x)}{h}}{g(x+h)g(x)}$$

$$=\frac{f'(x)g(x)-f(x)g'(x)}{\{g(x)\}^2}$$

さらに，次の 2 つの公式も大切である．

(V) $y=f(u)$，$u=g(x)$ のとき，

$$\frac{dy}{dx}=\frac{dy}{du}\cdot\frac{du}{dx}\quad\text{（合成関数の微分公式）}$$

(VI) $y=f(x)$ の逆関数 $x=f^{-1}(y)$ が存在するとき，

$$\frac{dy}{dx}=\frac{1}{\dfrac{dx}{dy}}\quad\text{（逆関数の微分公式）}$$

暴論かもしれないが，これらは要するに「あるかなきか」の無限

小量の世界において，

$$\frac{Y}{X}=\frac{Y}{U}\times\frac{U}{X},\qquad \frac{Y}{X}=\frac{1}{\dfrac{X}{Y}}$$

のように，普通の分数計算と同様のルールが成り立っているととりあえずは理解しておけばよい．

(Ⅰ)〜(Ⅵ)の公式を用いると，さらに，

$$(x^{\alpha})'=\alpha x^{\alpha-1}\ (\alpha \text{は任意の実数}),\ (\tan x)'=\frac{1}{\cos^2 x}$$

のような公式を導くことができる．

また，関数 $y=f(x)$ の導関数 $f'(x)$ をさらに微分することができるが，これを $f(x)$ の第2次導関数といい，

$$y'',\quad f''(x),\quad \frac{d^2y}{dx^2}\left(=\frac{d}{dx}\left(\frac{dy}{dx}\right)\right)$$

のように記す．同様にして，$f(x)$ を次々と微分していくと，第3次導関数，第4次導関数などを考えることができるが，一般に $y=f(x)$ を n 回微分して得られる関数を $f(x)$ の第 n 次導関数といい，

$$y^{(n)},\quad f^{(n)}(x),\quad \frac{d^ny}{dx^n}$$

のように記す．

言葉や記号はちょっと大袈裟な感じがするが，要するに関数 $f(x)$ をどんどん微分したものを考えてみよう，というだけの話であって，たとえば，上の

(ii) $(e^x)'=e^x$, (iv) $(\sin x)'=\cos x$, (v) $(\cos x)'=-\sin x$

からも分かるように，

○ $(e^x)'=e^x,\ (e^x)''=e^x,\ (e^x)'''=e^x,\ (e^x)''''=e^x,\cdots$

○ $(\sin x)'=\cos x,\ (\sin x)''=(\cos x)'=-\sin x,$

$(\sin x)'''=(-\sin x)'=-\cos x,\ (\sin x)''''=(-\cos x)'=\sin x,\cdots$

○ $(\cos x)' = -\sin x$, $(\cos x)'' = (-\sin x)' = -\cos x$,

$(\cos x)''' = (-\cos x)' = \sin x$, $(\cos x)'''' = (\sin x)' = \cos x$, …

のようになる．すなわち，

e^x は，何回微分しても e^x

であり，したがって，

$$(e^x)^{(n)} = e^x$$

となる．また，

$\sin x$, $\cos x$ は 4 回微分すると元の関数に戻る

ことが分かり，$m = 0, 1, 2, \cdots\cdots$ とすると，

$$(\sin x)^{(4m)} = \sin x, \quad (\sin x)^{(4m+1)} = \cos x,$$
$$(\sin x)^{(4m+2)} = -\sin x, \quad (\sin x)^{(4m+3)} = -\cos x$$
$$(\cos x)^{(4m)} = \cos x, \quad (\cos x)^{(4m+1)} = -\sin x,$$
$$(\cos x)^{(4m+2)} = -\cos x, \quad (\cos x)^{(4m+3)} = \sin x$$

のようになる．

9-5 新しい関数の創出——微分法と積分法

これまで，微分の定義や導関数の公式について縷縷説明してきた．高校や予備校の授業であれば，これから $f'(x)$ や $f''(x)$ の図形的な意味，方程式・不等式への応用といった話が続くのであるが，本書では，そういう話はしない．

ここで大切なことは,「微分」とは,

与えられた関数 $f(x)$ を，新たな関数に対応させる操作

に他ならない，という認識であり，その新たな関数を作る方法とは，

$$f'(x)=\lim_{h\to 0}\frac{f(x+h)-f(x)}{h}$$

という極限計算であった，ということだ．

したがって，記号 $\dfrac{d}{dx}f(x)$ の「$\dfrac{d}{dx}$」の部分は，関数 $f(x)$ を $f'(x)$ に対応させる操作を表す記号とも読める．すなわち，

$$f(x)\xrightarrow{\frac{d}{dx}}f'(x)$$

というわけで，実は，「$\dfrac{d}{dx}$」自体が，関数を関数に対応させる「写像」を表しているのである．私たちはこれを「微分作用素」と呼ぶこともある．

一方，逆の写像を「**積分**」といい，たとえば，

$$2x\to x^2\ (x^2\ を微分すると\ 2x\ になる)$$

のような対応を

$$\int 2xdx=x^2\ (正確には，積分定数\ C\ を用いて\ x^2+C)$$

のようにかく．

一般に，$\displaystyle\int f(x)dx$ は，

どんな関数を微分すれば $f(x)$ になるのか

を尋ねているのだ，と考えておけばよい．容易に分かるように，微分公式を用いれば，

$$\int x^{\alpha}dx=\frac{1}{\alpha+1}x^{\alpha+1}+C\quad(\alpha\neq -1),\qquad \int\frac{1}{x}dx=\log|x|+C$$

$$\int e^x dx=e^x+C,\qquad \int\log xdx=x\log x-x+C$$

$$\int\sin xdx=-\cos x+C,\qquad \int\cos xdx=\sin x+C$$

のようになる．実際，各式の右辺を微分すれば左辺の被積分関数が得られることを確認できるだろう．

ところでいま $f(x)=3+2x+x^2$ とすると，これは，$\{1, x, x^2\}$ を基底とする

$$\text{ベクトル}\ \mathbf{f}=\begin{bmatrix}3\\2\\1\end{bmatrix}$$

を表していると見ることもできる．

このとき，

$$g(x)=f'(x)=0+2+2x,$$
$$h(x)=f''(x)=0+0+2$$

とおき，

$$\mathbf{g}=\begin{bmatrix}0\\2\\2\end{bmatrix},\quad \mathbf{h}=\begin{bmatrix}0\\0\\2\end{bmatrix}$$

とすると，「$\dfrac{d}{dx}$」は，

$$\mathbf{f}\ \xrightarrow{\frac{d}{dx}}\ \mathbf{g}\ \xrightarrow{\frac{d}{dx}}\ \mathbf{h}$$

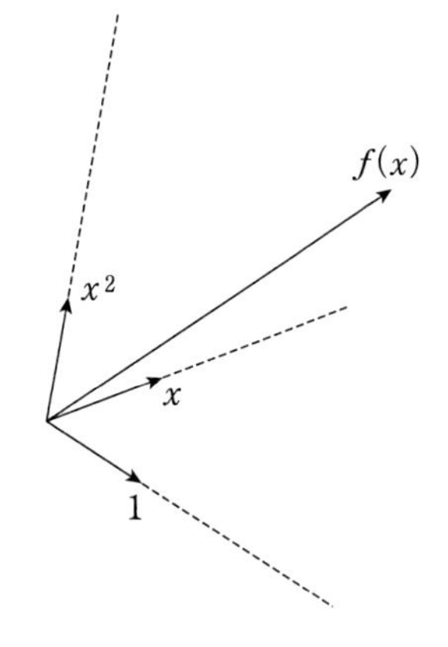

といった見立てもまた可能なのである．

さて，これからの議論で，もっとも大切なことは「微分計算や導関数がそれ自身単独で何を意味しているか」と問うことではなく，「微分」とはあるルールのもとにある関数をある関数に対応させる操作である，あるいは新たな関数を創出する機能，という新たな意味の流通場である．そして，このときに，決定的に大切なことは，

$$f(x)=g(x)\ \text{ならば}\ f^{(n)}(x)=g^{(n)}(x)\quad (n=1, 2, 3, \cdots)$$

ということだ．つまり，元の関数が一致すれば，微分した関数あるいは微分作用素で移した関数が一致するということである．

また，この命題の対偶をとれば，

$$f^{(n)}(x) \neq g^{(n)}(x) \text{ ならば } f(x) \neq g(x)$$

となる．これは，当たり前すぎることだが，これからの議論の縁の下の力持ちになるポイントである．

私たちの問題は e^x を $a_0+a_1x+a_2x^2+\cdots+a_nx^n$ のような多項式関数で表現してみることである．別言すれば，e^x という関数を

$$\{1, x, x^2, \cdots, x^n\}$$

という $n+1$ 個の基底をもつベクトル空間の

$$\text{ベクトル}\begin{bmatrix} a_0 \\ a_1 \\ a_2 \\ \vdots \\ a_n \end{bmatrix}$$

に対応させてみたいのである．

これは，きわめて自然な要求で，e^x にせよ，$\log x$, $\sin x$, $\cos x$ にせよ，これらは中学時代から私たちが馴染んできた関数とは異質なものに感じられる．願わくば，

$$e^x = a_0+a_1x+a_2x^2+\cdots\cdots+a_nx^n \qquad \cdots\cdots\cdots(*)$$

が成り立つようにしたいのである．

しかし，この企みはすぐに挫折することが分かる．なぜなら，さきほど見たように e^x は何回微分しても e^x であるが，$(*)$ の右辺の

$$a_0+a_1x+a_2x^2+\cdots\cdots+a_nx^n$$

を $n+1$ 回微分すると 0 になるのだ．すなわち

$$f(x) = e^x$$

$$g(x) = a_0+a_1x+a_2x^2+\cdots\cdots+a_nx^n$$

とおくと，$f^{(n+1)}(x) \neq g^{(n+1)}(x)$ であるから，さきほど考えた対偶より

$$f(x) \neq g(x)$$

となってしまうのである．

では，どうすればよいのか．そこで，大胆にも私たちは無限個の基底 $\{1, x, x^2, \cdots, x^n, \cdots\}$ を持つベクトル空間（これを「**無限次元ベクトル空間**」という）を持ち出すことにしてみよう．すなわち

$$e^x = a_0 + a_1 x + a_2 x^2 + \cdots + a_n x^n + \cdots$$

のように表すことはできないのだろうか．そして，もし，できるとすれば，$a_0, a_1, a_2, \cdots, a_n, \cdots$ は一体どんな数になるのだろうか？

9-6 関数の無限級数表示

さきほどの問題を一般化すると，任意に与えられた関数 $f(x)$ が

$$f(x) = a_0 + a_1 x + a_2 x^2 + a_3 x^3 + a_4 x^4 + \cdots$$
$$\cdots + a_n x^n + a_{n+1} x^{n+1} + \cdots \qquad \cdots\cdots ①$$

のように表されるとすれば，$a_0, a_1, a_2, \cdots, a_n, \cdots$ がどのような値になるのか，ということであった．ただし，$f(x)$ は何回でも微分できる関数であるとする．また，いまは，$f(x)$ がほんとうに①の形で書けるかどうか，ということも問題にしない．

さて，①から出発して私たちは①の両辺を x でどんどん微分して新しい関数を作ってみよう．

$$f'(x) = 1a_1 + 2a_2 x + 3a_3 x^2 + 4a_4 x^3 + \cdots$$
$$\cdots + na_n x^{n-1} + (n+1)a_{n+1} x^n \cdots \qquad \cdots\cdots ②$$

$$f''(x) = 2\cdot 1a_2 + 3\cdot 2a_3 x + \cdots + n(n-1)a_n x^{n-2} + \cdots$$
$$\cdots + (n+1)na_{n+1} x^{n-1} + \cdots \qquad \cdots\cdots ③$$

$$f'''(x) = 3\cdot 2\cdot 1a_3 + 4\cdot 3\cdot 2a_4 x + \cdots + n(n-1)(n-2)a_n x^{n-3}$$

$$+(n+1)n(n-1)a_{n+1}x^{n-2}+\cdots \qquad \cdots\cdots④$$

$$\cdots\cdots\cdots\cdots$$

$$f^{(n)}(x)=n(n-1)(n-2)(n-3)\cdots 2\cdot 1a_n$$
$$+(n+1)n(n-1)(n-2)\cdots 2a_{n+1}x+\cdots \qquad \cdots\cdots ⓝ$$

ここで，①〜ⓝまでの式は x がどんな値でも成り立ついわゆる恒等式だから，順次 $x=0$ とおいてみよう．

①で $x=0$ とおくと，$f(0)=a_0$

②で $x=0$ とおくと，$f'(0)=1a_1$

③で $x=0$ とおくと，$f''(0)=2\cdot 1a_2$

④で $x=0$ とおくと，$f'''(0)=3\cdot 2\cdot 1a_3$

$$\cdots\cdots\cdots\cdots$$

ⓝで $x=0$ とおくと，

$$f^{(n)}(0)=n(n-1)(n-2)(n-3)\cdots\cdots 2\cdot 1a_n$$

となるから，

$$a_0=\frac{f(0)}{0!},\quad a_1=\frac{f'(0)}{1!},\quad a_2=\frac{f''(0)}{2!},$$

$$a_3=\frac{f'''(0)}{3!},\quad \cdots\cdots,\quad a_n=\frac{f^{(n)}(0)}{n!}$$

となる．以下同様にして，a_{n+1}, a_{n+2}, …… も順次決まっていく．

これらを，①の右辺に代入すると，

$$f(x)=\frac{f(0)}{0!}+\frac{f'(0)}{1!}x+\frac{f''(0)}{2!}x^2$$
$$+\frac{f'''(0)}{3!}x^3+\cdots\cdots+\frac{f^{(n)}(0)}{n!}x^n+\cdots\cdots$$

すなわち，

$$f(x)=\sum_{n=0}^{\infty}\frac{f^{(n)}(x)}{n!}x^n$$

のようになる．

$f(x)=e^x$ のとき，$f^{(n)}(x)=e^x$ $(n=0,1,2,\cdots)$ だから

$$f(0)=f'(0)=f''(0)=f'''(0)=\cdots=f^{(n)}(0)=\cdots=1$$

したがって，

$$e^x=\frac{1}{0!}+\frac{1}{1!}x+\frac{1}{2!}x^2+\frac{1}{3!}x^3+\frac{1}{4!}x^4+\frac{1}{5!}x^5+\frac{1}{6!}x^6+\frac{1}{7!}x^7+\cdots$$

$$=1+\frac{x}{1!}+\frac{x^2}{2!}+\frac{x^3}{3!}+\cdots\cdots+\frac{x^n}{n!}+\cdots\cdots=\sum_{n=0}^{\infty}\frac{x^n}{n!}$$

のようになる．

また，$f(x)=\sin x$ のときは，

$$f'(x)=\cos x,\ f''(x)=-\sin x,$$

$$f'''(x)=-\cos x,\ f''''(x)=\sin x(=f(x))$$

であり，

$$f(0)=0,\quad f'(0)=1,\quad f''(0)=0,\quad f'''(0)=-1$$

であるから，

$$\sin x=\frac{0}{0!}+\frac{1}{1!}x+\frac{0}{2!}x^2+\frac{-1}{3!}x^3$$

$$+\frac{0}{4!}x^4+\frac{1}{5!}x^5+\frac{0}{6!}x^6+\frac{-1}{7!}x^7+\cdots$$

$$=\frac{x}{1!}-\frac{x^3}{3!}+\frac{x^5}{5!}-\frac{x^7}{7!}+\cdots+(-1)^n\frac{x^{2n+1}}{(2n+1)!}+\cdots$$

$$=\sum_{n=0}^{\infty}(-1)^n\frac{x^{2n+1}}{(2n+1)!}$$

さらに，$f(x)=\cos x$ のときは，

$$f'(x)=-\sin x,\ f''(x)=-\cos x,$$

$$f'''(x)=\sin x,\ f''''(x)=\cos x(=f(x))$$

であり，

$$f(0)=1,\quad f'(0)=0,\quad f''(0)=-1,\quad f'''(0)=0$$

であるから,

$$\cos x = \frac{1}{0!} + \frac{0}{1!}x + \frac{-1}{2!}x^2 + \frac{0}{3!}x^3 + \frac{1}{4!}x^4 + \frac{0}{5!}x^5 + \frac{-1}{6!}x^6 + \frac{0}{7!}x^7 + \cdots$$

$$= 1 - \frac{x^2}{2!} + \frac{x^4}{4!} - \frac{x^6}{6!} + \cdots + (-1)^n \frac{x^{2n}}{(2n)!} + \cdots$$

$$= \sum_{n=0}^{\infty} (-1)^n \frac{x^{2n}}{(2n)!}$$

今得た結果をもう一度まとめてみると,

$$e^x = 1 + \frac{x}{1!} + \frac{x^2}{2!} + \frac{x^3}{3!} + \cdots + \frac{x^n}{n!} + \cdots$$

$$\sin x = \frac{x}{1!} - \frac{x^3}{3!} + \frac{x^5}{5!} - \frac{x^7}{7!} + \cdots + (-1)^n \frac{x^{2n+1}}{(2n+1)!} + \cdots$$

$$\cos x = 1 - \frac{x^2}{2!} + \frac{x^4}{4!} - \frac{x^6}{6!} + \cdots + (-1)^n \frac{x^{2n}}{(2n)!} + \cdots$$

のようになる．e^x や $\sin x$, $\cos x$ を上のような形に展開することを**マクローリン展開**といい，またこのような形の級数を**マクローリン級数**という．ちなみにマクローリン（1698～1746）は，イギリスのエジンバラ大学の数学教授である．

ここで，上の等式を確認するために

$$\begin{cases} y = e^x \\ y = 1 + \dfrac{x}{1!} + \dfrac{x^2}{2!} + \dfrac{x^3}{3!} \end{cases}$$

$$\begin{cases} y = \sin x \\ y = x - \dfrac{x^3}{3!} + \dfrac{x^5}{5!} - \dfrac{x^7}{7!} + \dfrac{x^9}{9!} - \dfrac{x^{11}}{11!} \end{cases}$$

$$\begin{cases} y = \cos x \\ y = 1 - \dfrac{x^2}{2!} + \dfrac{x^4}{4!} - \dfrac{x^6}{6!} + \dfrac{x^8}{8!} - \dfrac{x^{10}}{10!} \end{cases}$$

のグラフをそれぞれ同一座標平面上に Mathematica で描かせみ

よう．以下のようになる．

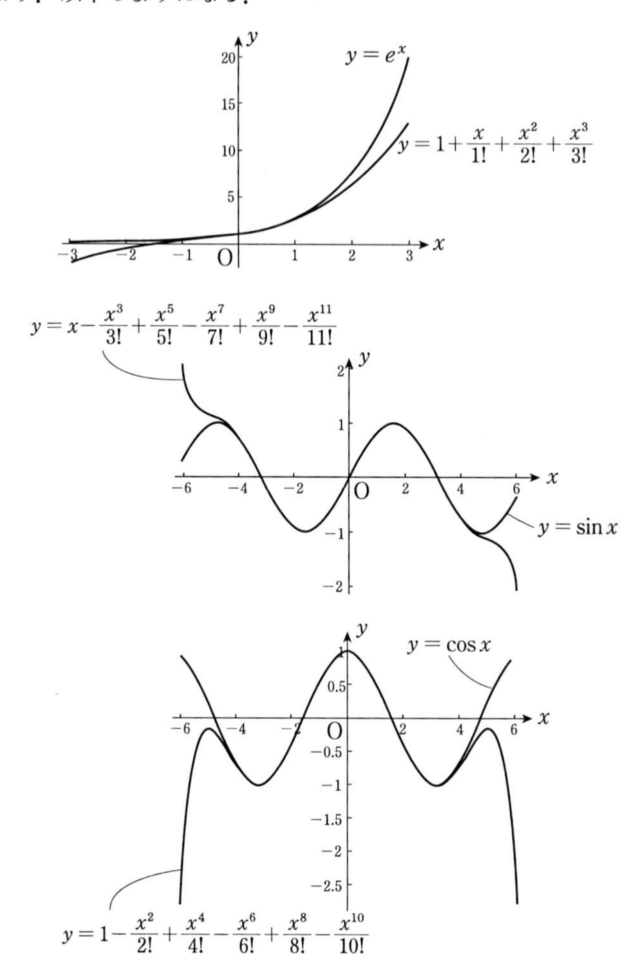

グラフから分かるように，e^x については $-1<x<1$ の範囲で，また，$\sin x$，$\cos x$ については $-4<x<4$ の範囲で 2 つのグラフはほぼ一致している．

$\sin x$ と $\cos x$ について，さらに n の値を大きくして，

$$\begin{cases} y=\sin x \\ y=\sum_{n=0}^{15}(-1)^n\dfrac{x^{2n+1}}{(2n+1)!} \end{cases} \qquad \begin{cases} y=\cos x \\ y=\sum_{n=0}^{15}(-1)^n\dfrac{x^{2n}}{(2n)!} \end{cases}$$

をそれぞれ同一座標平面に描くと下図のようになり，2 つのグラフの一致する範囲は，$-12<x<12$ となってさらに広がることが分かる．

これからも予想できるように，n をどんどん大きくしていけば，2 つのグラフが一致する範囲はさらに広がるだろう．

しかし，ここで注意しておきたいのは，n をどんなに大きくとっても，$|x|$ を十分大きくとれば，2 つのグラフが一致しないところが生じてくるということだ．$n=15$ とした場合は，$\sin x$ についても $\cos x$ についても $|x|\geqq 12$ においてはお世辞にも 2 つのグラフが一致しているとは言い難い．

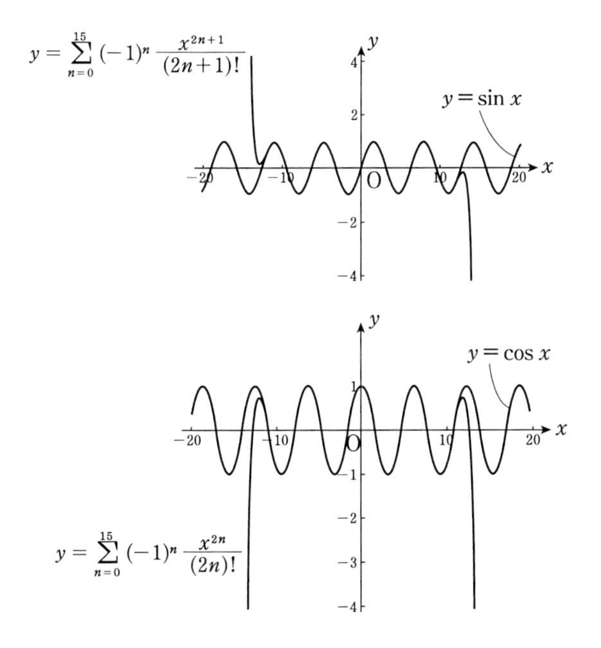

マクローリン級数は，もとの関数をある区間ではよく近似するが，実数全体では，そうは言えない．これを，「局所近似」という．

9-7 フーリエ級数

マクローリン級数は，関数 $f(x)$ を $\{1, x, x^2, \cdots\cdots, x^n, \cdots\cdots\}$ の1次結合で表現することによって得られたが，これに対して三角関数の1次結合で捉えようとした男がいる．フランスの数学者フーリエ(1768～1830)である．彼は，「熱の解析的理論」という論文(1822)で関数 $f(x)$ が

$$f(x)=\frac{a_0}{2}+\sum_{n=1}^{\infty}(a_n\cos nx+b_n\sin nx)$$

$$=\frac{a_0}{2}+(a_1\cos x+a_2\cos 2x+a_3\cos 3x+\cdots+a_n\cos nx+\cdots)$$

$$+(b_1\sin x+b_2\sin 2x+b_3\sin 3x+\cdots+b_n\sin nx+\cdots) \quad \cdots(*)$$

のような三角関数を含んだ級数に展開できることを示した．当然，ここで問題になるのは，係数

$$a_0, a_1, a_2, a_3, \cdots\cdots, a_n, \cdots\cdots, b_1, b_2, b_3, \cdots\cdots, b_n, \cdots\cdots$$

が具体的にどんな値になるのか，という問題であるが，これについて，細かい点は省略して以下簡単に説明してみよう．

マクローリン級数のときと同じように，関数 $f(x)$ が $(*)$ のように展開されたものとしよう．ここで

$$\cos x,\ \cos 2x,\ \cos 3x,\ \cdots\cdots,\ \cos nx,\ \cdots\cdots,$$

$$\sin x,\ \sin 2x,\ \sin 3x,\ \cdots\cdots,\ \sin nx,\ \cdots\cdots$$

の共通周期は 2π であるから，当然関数 $f(x)$ は 2π を周期とする周期関数としておく．

さて，いま(＊)の両辺に $\cos mx$ (m は非負整数)を掛けて，x について $-\pi$ から π まで積分してみる．このとき，右辺が項別積分できるものとしておくと，

$$\int_{-\pi}^{\pi} f(x)\cos mx dx = \frac{a_0}{2}\int_{-\pi}^{\pi}\cos mx dx$$

$$+\sum_{n=1}^{\infty}\left(a_n\int_{-\pi}^{\pi}\cos nx\cos mx dx + b_n\int_{-\pi}^{\pi}\sin nx\cos mx dx\right) \quad \cdots①$$

のようになる．ここで，整数 k に対して，

$$k \neq 0 \text{ のとき，} \int_{-\pi}^{\pi}\cos kx dx = \left[\frac{\sin kx}{k}\right]_{-\pi}^{\pi} = 0$$

$$k = 0 \text{ のとき，} \int_{-\pi}^{\pi}\cos kx dx = \int_{-\pi}^{\pi} 1 dx = [\,x\,]_{-\pi}^{\pi} = 2\pi$$

に注意すると，

$$\int_{-\pi}^{\pi}\cos mx dx = \begin{cases} 0 & (m \neq 0) \\ 2\pi & (m = 0) \end{cases}$$

また，三角関数の積和の公式を利用すると，

$$\int_{-\pi}^{\pi}\cos nx\cos mx dx = \frac{1}{2}\int_{-\pi}^{\pi}\{\cos(n-m)x + \cos(n+m)x\}dx$$

$$= \begin{cases} 0 & (m \neq n) \\ \pi & (m = n) \end{cases}$$

$$\int_{-\pi}^{\pi}\sin nx\cos mx dx = \frac{1}{2}\int_{-\pi}^{\pi}\{\sin(n-m)x + \sin(n+m)x\}dx = 0$$

であるから，

(①)の右辺$=\pi a_m$

となる．

次に，(＊)の両辺に $\sin mx$ を掛けて同様に考えると，

$$\int_{-\pi}^{\pi} f(x)\sin mx dx = \frac{a_0}{2}\int_{-\pi}^{\pi}\sin mx dx$$

$$+\sum_{n=1}^{\infty}\left(a_n\int_{-\pi}^{\pi}\cos nx\sin mx dx + b_n\int_{-\pi}^{\pi}\sin nx\sin mx dx\right) \quad \cdots②$$

ここで

$$\int_{-\pi}^{\pi}\sin mx dx = 0$$

$$\int_{-\pi}^{\pi}\sin nx\sin mx dx = \frac{1}{2}\int_{-\pi}^{\pi}\{\cos(n-m)x - \cos(n+m)x\}dx$$

$$= \begin{cases} 0 & (m \neq n) \\ \pi & (m = n) \end{cases}$$

$$\int_{-\pi}^{\pi}\cos nx\sin mx dx = \frac{1}{2}\int_{-\pi}^{\pi}\{\sin(n+m)x - \sin(n-m)x\}dx = 0$$

であるから，

(②)の右辺$=\pi b_m$

となることが分かる．結局，

$$a_n = \frac{1}{\pi}\int_{-\pi}^{\pi} f(x)\cos nx dx \quad (n = 0,\ 1,\ 2,\ \cdots\cdots)$$

$$b_n = \frac{1}{\pi}\int_{-\pi}^{\pi} f(x)\sin nx dx \quad (n = 1,\ 2,\ \cdots\cdots)$$

となる．これを $f(x)$ の**フーリエ係数**という．

これを利用すると，

$$\frac{\pi^2}{6} = \sum_{n=1}^{\infty}\frac{1}{n^2} = \frac{1}{1^2} + \frac{1}{2^2} + \frac{1}{3^2} + \cdots\cdots + \frac{1}{n^2} + \cdots\cdots$$

という有名な無限級数も示すことができる．

まず，$f(x) = x^2$ $(-\pi \leqq x \leqq \pi)$ を，上の結果を用いてフーリエ級数で表してみよう．

$$a_0=\frac{1}{\pi}\int_{-\pi}^{\pi}x^2dx=\frac{1}{\pi}\left[\frac{x^3}{3}\right]_{-\pi}^{\pi}=\frac{2}{3}\pi^2$$

$$a_n=\frac{1}{\pi}\int_{-\pi}^{\pi}x^2\cos ndx=\frac{1}{\pi}\left(\left[\frac{x^2\sin nx}{n}\right]_{-\pi}^{\pi}-\frac{2}{n}\int_{-\pi}^{\pi}x\sin nxdx\right)$$

$$=-\frac{2}{n\pi}\int_{-\pi}^{\pi}x\sin nxdx$$

$$=-\frac{2}{n\pi}\left(\left[-\frac{x\cos nx}{n}\right]_{-\pi}^{\pi}+\frac{1}{n}\int_{-\pi}^{\pi}\cos nxdx\right)=(-1)^n\frac{4}{n^2}$$

$$b_n=\int_{-\pi}^{\pi}x^2\sin nxdx=0 \qquad (\because\ x^2\sin nx \text{ は奇関数})$$

上の a_n の計算は，いわゆる“部分積分法”を繰り返し2度利用しているが，これは積の微分方程式

$$\{f(x)g(x)\}'=f'(x)g(x)+f(x)g'(x)$$

$$\Longleftrightarrow f(x)g'(x)=\{f(x)g(x)\}'-f'(x)g(x)$$

の両辺を x で積分して得られる

$$\int f(x)g'(x)dx=f(x)g(x)-\int f'(x)g(x)dx$$

という積分法である．この式で

$$f(x)=x^2,\quad g(x)=\frac{\sin nx}{n}$$

とおくと，$g'(x)=\cos nx$ であるから

$$\int x^2\cos nxdx=\int x^2\left(\frac{\sin nx}{n}\right)'dx$$

$$=x^2\cdot\frac{\sin nx}{n}-\int(x^2)'\frac{\sin nx}{n}dx$$

$$=\frac{x^2\sin nx}{n}-\int 2x\cdot\frac{\sin nx}{n}dx$$

$$=\frac{x^2\sin nx}{n}-\frac{2}{n}\int x\sin nxdx$$

となり，さらに

$$\int x\sin nx dx = \int x\left(-\frac{\cos nx}{n}\right)' dx$$
$$= x\cdot\left(-\frac{\cos nx}{n}\right) - \int (x)'\left(-\frac{\cos nx}{n}\right)dx$$
$$= -\frac{x\cos nx}{n} + \frac{1}{n}\int \cos nx dx$$

のように計算できるのである.

ともあれ，以上のことから，

$$x^2 = \frac{\pi^2}{3} + 4\left(-\frac{\cos x}{1^2} + \frac{\cos 2x}{2^2} - \frac{\cos 3x}{3^2} + \cdots + (-1)^n\frac{\cos nx}{n^2} + \cdots\right)$$

となることが分かった．ここで，

$$f_n(x) = \frac{\pi^2}{3} + 4\left(-\frac{\cos x}{1^2} + \frac{\cos 2x}{2^2} - \frac{\cos 3x}{3^2} + \cdots + (-1)^n\frac{\cos nx}{n^2}\right)$$

とおいて，$y=f_1(x)$，$y=f_4(x)$，$y=f_7(x)$，$y=f_{10}(x)$ のそれぞれのグラフを描いてみよう.

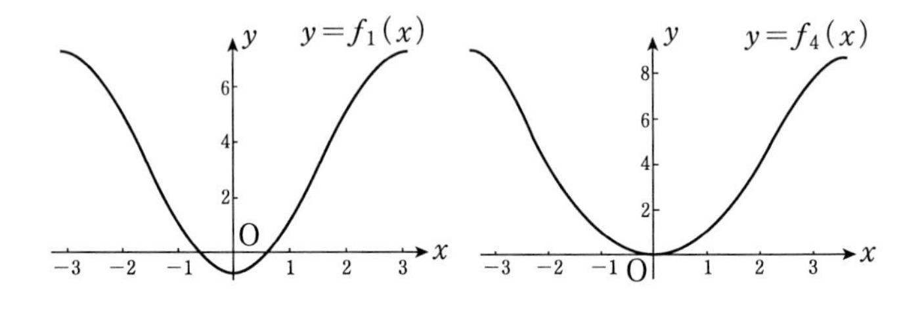

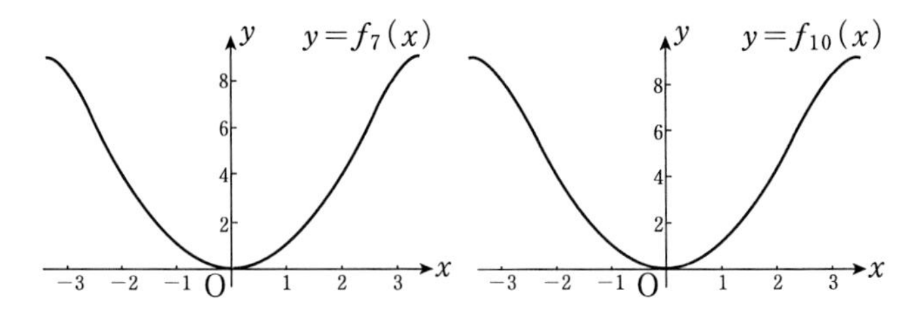

確かに，$y = x^2$ の表す放物線に近づいているのが分る.

さて，この式で $x=\pi$ とおいてみよう．すると，

$$\pi^2=\frac{\pi^2}{3}+4\left(\frac{1}{1^2}+\frac{1}{2^2}+\frac{1}{3^2}+\cdots\cdots+(-1)^n\frac{(-1)^n}{n^2}+\cdots\cdots\right)$$

$$\therefore\ \frac{2\pi^2}{3}=4\left(\frac{1}{1^2}+\frac{1}{2^2}+\frac{1}{3^2}+\cdots\cdots+\frac{1}{n^2}+\cdots\cdots\right)$$

$$\therefore\ \frac{\pi^2}{6}=\sum_{n=1}^{\infty}\frac{1}{n^2}=\frac{1}{1^2}+\frac{1}{2^2}+\frac{1}{3^2}+\cdots\cdots+\frac{1}{n^2}+\cdots\cdots$$

無限級数 $\displaystyle\sum_{n=1}^{\infty}\frac{1}{n^2}$ の値を求めることには，あのライプニッツもヤコブ・ベルヌーイも挑戦してことごとく失敗しているが，オイラーは次のような大胆な発想でこの値を求めている．

まず，$\sin x$ のマクローリン級数

$$\sin x=x-\frac{1}{3!}x^3+\frac{1}{5!}x^5-\frac{1}{7!}x^7+\cdots\cdots$$

において，x を πx とおいてみよう．すると，

$$\sin\pi x=\pi x-\frac{1}{3!}(\pi x)^3+\frac{1}{5!}(\pi x)^5-\frac{1}{7!}(\pi x)^7+\cdots\cdots$$

$$\therefore\ \sin\pi x=\pi x\left(1-\frac{\pi^2}{3!}x^2+\frac{\pi^4}{5!}x^4-\frac{\pi^6}{7!}x^6+\cdots\cdots\right)\qquad\cdots\cdots①$$

のようになる．

一方 $\sin\pi x=0$ の解は， $x=0,\pm1,\pm2,\pm3,\cdots\cdots,\pm n,\cdots\cdots$ であるから，恰も因数定理を用いるように考えて

$$\sin\pi x=\pi x\left(1-\frac{x^2}{1^2}\right)\left(1-\frac{x^2}{2^2}\right)\left(1-\frac{x^2}{3^2}\right)\cdots\cdots\left(1-\frac{x^2}{n^2}\right)\cdots\cdots$$

$$=\pi x\prod_{n=1}^{\infty}\left(1-\frac{x^2}{n^2}\right)\qquad\cdots\cdots\cdots\cdots\cdots②$$

が成り立つだろう．したがって，①，②の右辺をそれぞれ πx で割ったものが一致するはずである．すなわち，

$$1-\frac{\pi^2}{3!}x^2+\frac{\pi^4}{5!}x^4-\frac{\pi^6}{7!}x^6+\cdots\cdots$$
$$\cdots\cdots=\left(1-\frac{x^2}{1^2}\right)\left(1-\frac{x^2}{2^2}\right)\left(1-\frac{x^2}{3^2}\right)\cdots\cdots\left(1-\frac{x^2}{n^2}\right)\cdots\cdots$$

が成り立つ．さて，この等式の両辺の x^2 の係数を比較してみよう．すると，

$$-\frac{\pi^2}{3!}=-\left(\frac{1}{1^2}+\frac{1}{2^2}+\frac{1}{3^2}+\cdots\cdots+\frac{1}{n^2}+\cdots\cdots\right)$$
$$\therefore\ \frac{\pi^2}{6}=\frac{1}{1^2}+\frac{1}{2^2}+\frac{1}{3^2}+\cdots\cdots+\frac{1}{n^2}+\cdots\cdots$$

が得られるのである．

9-8 $e^{i\pi}=-1$

私たちは，さきほど以下の3つの等式を確認した．

$$e^x=1+\frac{x}{1!}+\frac{x^2}{2!}+\frac{x^3}{3!}+\cdots\cdots+\frac{x^n}{n!}+\cdots\cdots \quad ①$$
$$\sin x=\frac{x}{1!}-\frac{x^3}{3!}+\frac{x^5}{5!}-\frac{x^7}{7!}+\cdots\cdots+(-1)^n\frac{x^{2n+1}}{(2n+1)!}+\cdots\cdots \quad ②$$
$$\cos x=1-\frac{x^2}{2!}+\frac{x^4}{4!}+\frac{x^6}{6!}+\cdots\cdots+(-1)^n\frac{x^{2n}}{(2n)!}+\cdots\cdots \quad ③$$

ここで私たちは新たな世界に飛躍しなければならない．これまで，x は「実数」を表している，という想定のもとでいろいろな議論をすすめてきたが，ここで，もう一度，次のカッシーラの言葉を想起しよう．

旧来のやり方では個々の数が「所与の」ものとして，既知のものとして前提され，この知識にもとづいて等しいとか等しくないとかが判断されたのであるが，ここでの手続きは逆である．等式において

述べられている〈関係〉のみが既知なのであり，他方，この関係に入り込む〈要素〉は，当初その意義は未規定であって，その等式によって漸次規定されてゆく．

私たちにとって，①〜③の等式の与える関係のみが「既知」なのであり，「要素」は未規定なのだ．そこで，いま①において，x を ix としてみよう．すると，

$$e^{ix}=1+\frac{(ix)}{1!}+\frac{(ix)^2}{2!}+\frac{(ix)^3}{3!}+\frac{(ix)^4}{4!}+\frac{(ix)^5}{5!}+\frac{(ix)^6}{6!}+\frac{(ix)^7}{7!}+\cdots$$

$$=\left(1-\frac{x^2}{2!}+\frac{x^4}{4!}-\frac{x^6}{6!}+\cdots\right)+i\left(\frac{x}{1!}-\frac{x^3}{3!}+\frac{x^5}{5!}-\frac{x^7}{7!}+\cdots\right)$$

ここで，関係式②，③を用いると

$$e^{ix}=\cos x+i\sin x$$

が得られる．これを「**オイラーの公式**」というが，この式において x を π としてみよう．すると，$\cos\pi=-1$，$\sin\pi=0$ から，

$$e^{i\pi}=-1$$

という等式が得られる．これで，ようやく私たちの目標の式に辿り着くことができた．

もはや私たちは，この等式を，「$2^5=32$（2 を 5 回掛け合わせると 32）」と同様に「e を $i\pi$ 回掛け合わせれば -1」といったようには理解できない．「e」や「π」や「i」が何であるかをそれ自身単独で知っていても，この式自体を理解することは不可能だ．「e を $i\pi$ 回掛け合わせればいくらになるか」という問い自身が無意味なのだ．

なぜか？ それは，数学的言語がシナプスのように張り巡らされ，複雑に絡み合っている「場」の中でこそ，初めてその意味が浮かび上がってくるからだ．そして，この「場」の中で，意味の変容は幾度となく起こる．「場」の中で営まれる「関係」なくして意

味は生まれてこない．いや，我々の言語思考はつねにそのようにしかあり得ないのだ．美しい音楽が，単独の「音」からではなく，その複雑多様な関係の総体から生まれるように，我々の言語思考も「常に変容する関係の総体」なのである．

第10章
数学的思考の検証

10-1 ハウスドルフ次元

2^0 がなぜ 1 になるか——この問いを出発点にして，私たちは漸く「$e^{i\pi}=-1$」という一つの山頂に到達した．いまや指数は，「自然数の世界」から「複素数の世界」に拡張されたのである．

さて，「拡張の話」のついでに，最後に「次元（Dimension）の拡張」の話を紹介しておこう．

1890 年，イタリアの数学者ペアノ（1858 ～ 1932）は右図のような一つの正方形を覆い尽くす複雑な折れ線を発表した．これは「ペアノの曲線」と呼ばれている．

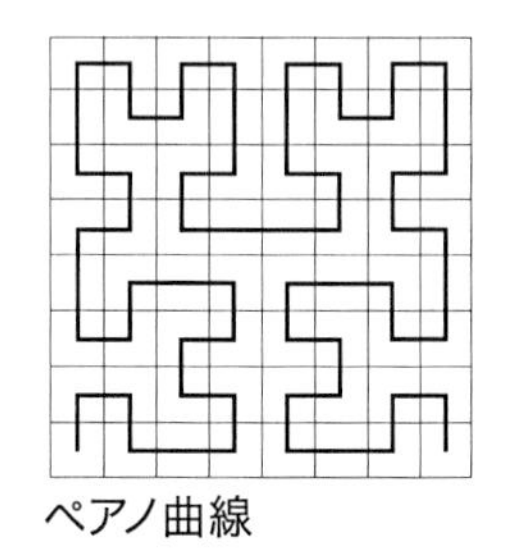

ペアノ曲線

ふつう，数学屋は「曲線」を次のように定義する．すなわち，t（$a \leqq t \leqq b$）を媒介変数（パラメータ）として，

$$x=f(t),\quad y=g(t)$$

が t の連続関数であるとき，

点 $\mathrm{P}(f(t),\ g(t))$

の軌跡を「曲線」という．この場合，もちろん t の異なる値に対して，同一の点が対応することもある．つまり，たとえば $t=1$ と $t=2$ に対して

$$(f(1),g(1))=(f(2),g(2))$$

となり得ることもあり得る．このような点を「重複点」というが，上のように曲線を定義すると，「$(f(1),g(1))=(f(t),g(t))$」を満たす t が無数にあることも，また重複点自身が無限個存在する

こともある．

ペアノは，ここに着目して一つの正方形の内部の各点をすべて漏れなく通過する連続関数 $(f(t), g(t))$ を作ってみせたのである．これがすなわち「**ペアノの曲線**」(この実例については，たとえば高木貞治著『解析概論』の附録IIに，クノップによる構成方法が説明してある) にほかならない．これは，当時の数学者たちに大きな衝撃を与えた．

なぜなら，第8章のベクトル空間のところでも説明したように，「線」は「1次元の世界」，「平面」は「2次元」の世界であり，したがって「1次元の線」が「2次元の面」を覆うことはありえないと考えられていたからだ．ペアノの「面を覆い尽くす曲線」は，1次元と2次元の世界の垣根を取り払い，私たちを再び「次元とは何か」という問いに直面させたのである．

1919年，ドイツの数学者フェリックス・ハウスドルフ (1868～1942) は，この問いに一つの解答を与えようと試みている．彼は，自己縮小比率とも言うべき「r」と，自己相似図形の個数「N」を用いて「次元」を再定義する．彼の「次元」についての考え方のアウトラインを以下に簡単に説明してみる．

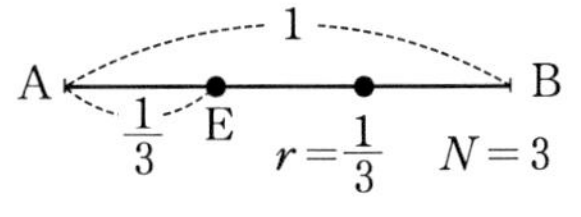

まず，右図のような長さ1の線分ABを考え，この線分ABをたとえば3等分して得られる線分AEを作る．AEは，ABと「自己相似」な図形であり，線分AEは，線分ABを $r=\frac{1}{3}$ に縮小したものである．このとき，線

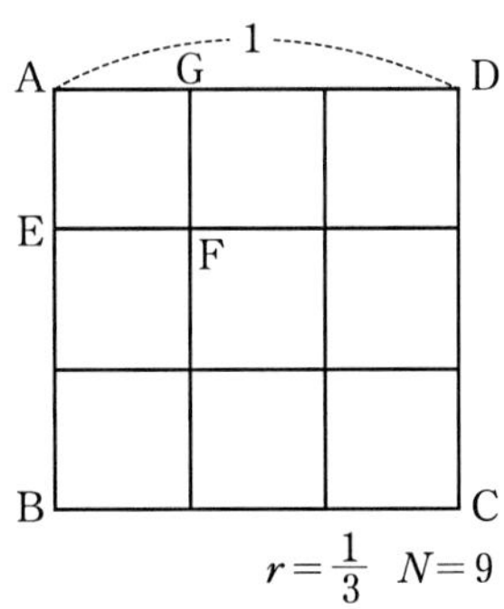

分 AB は $N=3$ (個)の線分 AE によって作られていることが分かり,

$$Nr^1=1 \qquad \cdots\cdots①$$

が成り立っている.

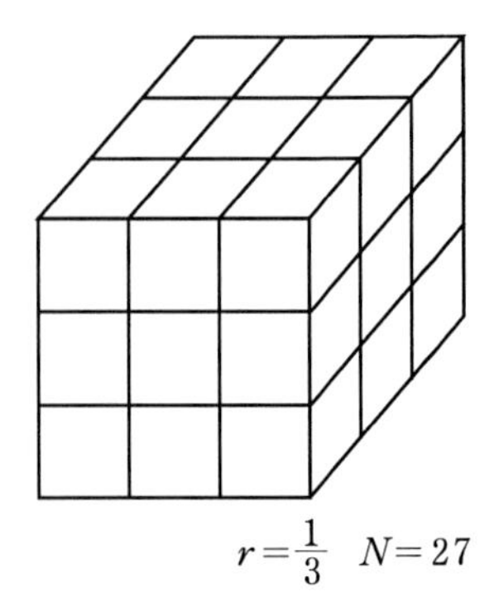
$r=\frac{1}{3}$　$N=27$

次に, 1 辺の長さ 1 の正方形 ABCD を考え, 辺 AB をたとえば 3 等分してみよう. このとき, 前頁の図の線分 AE は線分 AB を $r=\frac{1}{3}$ に縮小したものであり, 元の正方形 ABCD は小正方形 AEFG を $N=9$ (個)集めたものである. したがって,

$$Nr^2=1 \qquad \cdots\cdots\cdots\cdots\cdots②$$

が成り立っている.

同様に, 1 辺の長さ 1 の立方体を考えて, 縦, 横, 高さをそれぞれ 3 等分ずつしたものを考えてみると, $r=\frac{1}{3}$, $N=27$ で,

$$Nr^3=1 \qquad \cdots\cdots\cdots\cdots\cdots③$$

が成り立っている.

ここで注意しておきたいのは, いま $r=\frac{1}{3}$ として議論を進めたが, 上の 3 つの場合(単位線分, 単位正方形, 単位立方体)には特に $r=\frac{1}{3}$ とする必要はなく, たとえば $r=\frac{1}{5}$ としても, $r=\frac{1}{10}$ としても①～③は成り立つ. また, 線分 AE は線分 AB を等分して得られたものであるから, いうまでもなく, r は単位分数, 言い換えれば $\frac{1}{r}$ は整数になっている点も指摘しておこう.

さて, ここで, ①～③の等式を眺めてもらおう. これらはすべ

て，

$$Nr^D=1 \qquad \cdots\cdots④$$

という形をしていて，

①では $D=1$，②では $D=2$，③では $D=3$

となっている．これらがそれぞれ，線分，正方形，立方体の「次元」で，これは私たちの従来の数学的常識と直感とに合致していることはすぐに納得できるだろう．

そこで私たちは，④を満たす「D」をその図形の「**次元（Dimension）**」と定義するのである．すなわち，④の両辺の自然対数をとると，

$$\log Nr^D=\log 1 \Longleftrightarrow \log N+D\log r=0 \Longleftrightarrow D\log r=-\log N$$

$$\therefore\ D=-\frac{\log N}{\log r}=\frac{\log N}{\log\left(\dfrac{1}{r}\right)}$$

のようになる．

これがいわゆる「ハウスドルフ次元」と呼ばれるものである．この定義式を用いると，右図からも分かるように，「コッホ曲線」の場合

$$r=\frac{1}{3},\quad N=4$$

であり，

$$D=\frac{\log 4}{\log 3}=\frac{1.3862\cdots}{1.0986\cdots}=1.26184\cdots\cdots$$

のようになる．また，「カントールの 3 進集合」については，

$$r=\frac{1}{3},\ N=2$$

となり，

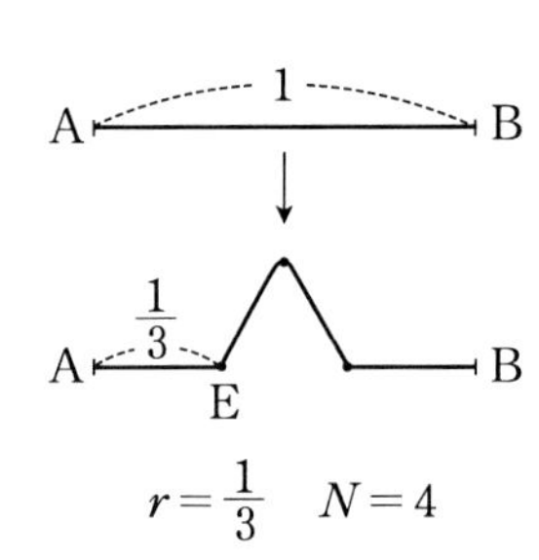

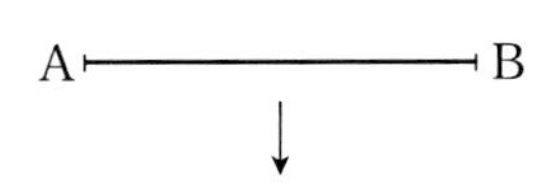

$$D=\frac{\log 2}{\log 3}=\frac{0.69314\cdots}{1.0986\cdots}=0.63092\cdots\cdots$$

のようになる．これらはともに「非整数」であり，指数がそうであったように「次元概念」が拡張されたのである．ちなみに，この定義にしたがって「ペアノの曲線」の次元を計算すると，「2」になり，確かにペアノの曲線は正方形を覆い尽くすのである．

フラクタル図形で有名なあのマンデルブローは，1977年に出版した『Fractals』(Freeman, San Francisco) という本で，上に紹介した以外にもさまざまな「図形」の次元を計算しているが，この本には「至る所微分不可能な曲線」やいわゆる「オーソドックスでないイレギュラーな形」の例がたくさん紹介されており，そのイラストもエキゾチックで美しい．

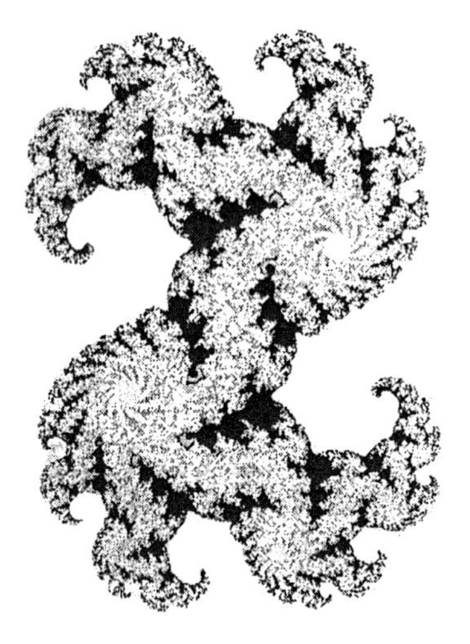

なお，右図は筆者が，畏友小椋隆志(1949-2002)氏自作の「JuliaVB」というソフトを利用して描いた「ジュリア集合」である．これもフラクタル図形の一種と考えられているが，ジュリア集合とは

$$f(z)=z^2+c \quad (c\in\mathbb{C})$$

に対して，$z_{n+1}=f(z_n)$ $(n\geqq 1)$ によって定まる複素数列 $\{z_n\}$ が無限大へは発散しないような初項 z_1 の集合のことである．

たとえば，$c=0$ のとき，ジュリア集合は原点を中心とする半径1の円の周および内部になる．右図は $c=0.321+0.043i$ のときのジュリア集合である．

「ハウスドルフ次元」については，まだまだ未知の問題が多く残されており，分かっていないことがたくさんあると言われている．興味を持たれた方は専門的な本(たとえば，日本のフラクタル研究家の山口昌哉，畑政義，木上淳の各氏の手になる『フラクタルの数理』(岩波講座，応用数学)など)に当たられるといいだろう．

10-2　$2^0=1$の背後にあった問題

さて，ここで，もう一度私たちは「2^0がなぜ1になるか」という問題に立ち返ってみたい．もちろん，数学的には「$2^0=1$」と取り決めておくことに，特に問題があるわけではないし，その合理性もほとんどの人は容易に納得できる．

しかし，実はほんとうの問題は，「2^0がなぜ1になるか」というところにではなく，「なぜこのような疑問が生まれてくるのか？」というところにある．

「次元」というものを，線形空間における「基底の個数」と理解している人にとっては，それは必ず「自然数(無限大の場合もあるが)」でなければならず，「次元がなぜ0.6309…になるのか」という疑問を抱くのは当然である．しかし，真の問題は「なぜ，このような疑問を持つのか？」というところにあるのだ．

2^0がなぜ1になるのか——このような疑問が生まれる背景には，私たちの「言語一般」に対する一つの思い込み，素朴な信仰がある，ことを忘れてはならないだろう．それは，「2^5」がそれ自身単独で「2を5回掛ける」という意味を持っていたように，「2^0」がそれ自身で意味を持っていなければならない，という思い込みである．「次元」の問題でも同様である．

誤解を恐れずに言えば，初学者にとっては，「2^5」がそれ自身で固有の実体を表していた（あるいはそのように感じられた）ように，「2^0」も他には何にも依存しない固有の実体でなければならないのである．

しかし，この，言語に対する思い込み，信仰は，中高生にとっては致し方のない仕儀であろう．なぜなら，「2^5」とは，「$2 \times 2 \times 2 \times 2 \times 2$（2を5回掛ける）」という「意味」だと教わるからであり，「2^0 や 2^{-1}」にこの「意味」を適用してみようとするのは，いかにも素直で自然な成り行きだからである．

だが，2を0回紙の上に書き，それを掛け合わせることは無意味であり，まして「2を-1回書き記す」ことは，この文言自体が意味をなさず，不可能事への言及となっている．私たちは，ここに及んで「2^n」が，「2をn回掛け合わせる」という意味の挫折，言葉への素朴な信仰の挫折を経験する．数学における言語は，一応厳密に定義されていると感じられるだけにこの挫折感は大きいというべきであろう．

では，$2^0 = 1$ や $2^{-1} = \dfrac{1}{2}$ は，そもそもどこからやってきたのか？それが，割り算というシステムに淵源していたことはすでに見てきたことだが，ここで大切なことは，それ自身単独で有意味なもの（＝固有の実体そのもの）だと感じられていたものが，じつは「関係（あるいは関数）」という意味の流れの中でこそ作られていた，ということの発見であろう．

アリストテレス以来の「実体論」にはここで深入りできないが，少なくとも数学的言語における「意味」は，言語の作る系列，システムの中でこそ浮かび上がってくるのであり，そのように構えてこそ，近代以降の数学言語は理解できるのだ．

たとえば行列 $A=\begin{pmatrix}1 & 2\\ 3 & 4\end{pmatrix}$ に対して，数学屋は e^A $(\exp(A))$ という指数行列などというものを考える．これは，マクローリン級数

$$e^x=1+\frac{1}{1!}x+\frac{1}{2!}x^2+\frac{1}{3!}x^3+\cdots\cdots+\frac{1}{n!}x^n+\cdots\cdots \quad \cdots(*)$$

において，x に A を代入したもの，すなわち

$$e^A=E+\frac{1}{1!}A+\frac{1}{2!}A^2+\frac{1}{3!}A^3+\cdots\cdots+\frac{1}{n!}A^n+\cdots\cdots$$

ただし，$E=\begin{pmatrix}1 & 0\\ 0 & 1\end{pmatrix}$：単位行列

である．もちろん,「e^A」を従来のように,「数 e を A 回掛けること」と理解しようとすることは出来ない相談である．なにせ，A は行列なのだ．

そこで，次のような疑問が湧いてくる．すなわち(∗)における「x とは一体何なのか？」と．この問い方こそは,「それ自身単独で意味を持つ実体」への問いかけであり，2^0 がどうして1になるのか，という問いの背後に隠されている問いなのだ．

(∗)における「x」とは何か？ しかし，この問い方自体が，数学的言語の流通場においては無意味なのだ．x を有意味足らしめるのは，x 自身(x という実体)ではなく，むしろ(∗)という「関係式」なのだ．

この発見を自覚しない限り,「2^0 がなぜ1になるのか」という疑問は繰り返し生まれる．

哲学者の内山節氏は,『貨幣の思想史』(新潮選書)という本で,「ある実体を端緒的概念として成立する秩序を，論理的に追求」した草創期の経済思想が,「貨幣」を承認せざるを得なかったが，しかし一方で貨幣社会が，人間の精神や社会を蝕み，人間的な

価値を見失わせながら，退廃を拡大していくといった矛盾を引き起こす問題を解決できなかった理由を次のように述べている．

> 経済学がこの問題を解決できなかった理由は，みなしていく関係が実体をつくりだしていくのであって，固有の実体を基礎にして関係がつくられているのではない，という資本制商品経済の展開を洞察しきれなかったことにあると言ってもよい．あるいは変容していく関係の中に存在は実体化されていることが理解されず，固有の存在を理想化しうる秩序がありうるという虚妄の意識構造から，思想家たちが抜け出していなかったからである．

話が大袈裟になったが，この指摘は 2^0 がどうして 1 になるのか，という疑問の背景にある問題をはっきりと浮き彫りにしている．

10-3 シンボル形式の哲学から

エルンスト・カッシーラは『シンボル形式の哲学』第三部「意味機能と科学的認識の構造」の第 5 章で次のように述べる．

> 数領域の構築は，基礎となる一つの根源的関係から出発して形成され，この関係によって完全に見渡すことができ，規定することができるような対象領域の例を，典型的な純粋さと完全さで我々に示してくれる．思考は，さしあたっては考え得る限り最も純粋な形式をもつように思われる一つの純粋な関係——つまり，課せられた一つの契機法則による思考要素の系列化以外なにものをも含んでいない関係——から出発する．だが，この初歩的な法則から，いっそう広くなり，いっそう複雑化してゆく諸規定が

次々に湧き出てくるのであり，これらの諸規定がそれはそれで厳密に法則化された仕方で互いに織り合わされ，ついにはこの織物の全体から「実数」の集合が成立し，解析学という奇蹟の建築物が築かれるまでになった.

私たちがこれまで考えてきたことは，数学そのものではなく，まして数学の歴史でもない．それはまず，数学のさまざまな発達段階で見られる数学的言語の意味の変容プロセスを観察することであった．その「意味の変容」は，すでに，2の0乗の段階で起きる．そして，私たちが試みたのは，数学的思考の地層を観察しながらそこで私たちの思考に何が起きているかを検証してみることであった．それはそのまま，人間の思考のある側面を典型的に露呈している.

私たちは，数学的言語がある意味系列の中ではじめて意味を獲得し，そして，その数学的言語を通して新たな意味の流通場を創造し，その流通場に生まれた新しい未決の問題がさらにあらたな意味の流通場を創造してきたのを，見てきた.

数学的思考の検証が私たちに教えてくれるものは，単に「数学」の世界だけではなく，私たちが新たな言葉をどのように創出し，またその言葉によってどのように考えていたのか，ということである.

第1章で紹介したあの「ランダム・ドット・ステレオグラム」をここで，もう一度想起してみよう.

「x」とは何か？　と問うことは，ステレオグラムの一つ一つの点について，その「点」とは何か？　と問うに等しいのだ．しかし，そのような問いからは，ステレオグラム全体が何を描こうとしているかは見えてこない．私たちが問題にしなければならないのは，点と点との相互関係であり，その繋がりであり，その総体，その全体像なのである．

数学的言語もまた同様であった．素朴な実体が関係を生み出し，その関係がまた新たな実体（らしきもの）を生む．そして，それがさらなる関係を生む．この相互のやり取りの中で，私たちの数式は生き生きと動き出すのだ．

もし，「色」というものが「実体」であり，「空」というものが「関係」であるとすれば，数学的言語世界もまた「色即是空，空即是色」の宇宙だったのかもしれない，と言えるだろう．

参考文献

小著の性格上，本文での引用・参照等の注記を省かせていただいたところがあります．省略をお詫びするとともに，先達の学恩に深く感謝いたします．

書名	著者・訳者	出版社
『解析概論』	高木貞治	岩波書店
『カジョリ初等数学史（上・下）』	小倉金之助訳	共立全書
『貨幣の思想史』	内山節	新潮選書
『貨幣論』	岩井克人	筑摩書房
『形而上学（上）』	アリストテレス，出隆訳	岩波文庫
『実体概念と関数概念』	カッシーラ，山本義隆訳	みすず書房
『常識について』	小林秀雄	角川文庫
『人知原理論』	ジョージ・バークリ，大槻春彦訳	岩波文庫
『シンボル形式の哲学』	カッシーラ，木田元訳	岩波文庫
『数学史』	武隈良一	培風館
『数学的経験』	P. J . デービス，R. ヘルシュ，柴垣和三雄他訳	森北出版
『数について』	デーデキント，河野伊三郎訳	岩波文庫
『数の概念』	高木貞治	岩波書店
『スピノザ・ライプニッツ』	世界の名著	中央公論社
『世界を解く数学』	河田直樹	河出書房新社
『代数学辞典（上・下）』	笹部貞市郎編	聖文社
『直観的集合論』	竹内外史	紀伊国屋書店
『人間精神の名誉のために』	J. デュドネ，高橋礼司訳	岩波書店
『微分積分入門』	山口恭	コロナ社
『フラクタクルの数理』	山口昌哉，畑政義，木上淳	岩波書店
『方法序説』	デカルト，落合太郎訳	岩波文庫
『無限小解析の基礎』	キースラー，斎藤正彦	東京図書
『連続性の哲学』	パース，伊藤邦武編訳	岩波文庫

あとがきにかえて

のっけから私事にわたって恐縮であるが，7年前に翻訳家の中村保男氏からDavid Berlinski著『A Tour of the Calculus』という本を頂いた．これは，中村氏の友人でニューヨーク在住のニコラス・ウッド氏が「いまニューヨークでベストセラーになっている」と，中村氏に送って寄越してくれたものである．ニコラス・ウッド氏は，かつてTBSブリタニカから「数学遊びの図鑑」と銘打った『2＋2は4ではない』という本を中村氏の翻訳で出したことがあり，私もその翻訳のごく一部を手伝い，あまつさえその本の解説を書いた．というわけで，中村氏はその『A Tour of the Calculus』を下さったのである．

この『A Tour of the Calculus』を私のお粗末極まりない英語力で卒読した印象は，「こんな学習本の体裁をとった，文学的・哲学的（この部分は難解な英文である）な高校2年程度の微積分の本が，ベストセラーになるとは驚きだ」というものであった．そして，自分もいつかこういう本を書いてみたい，と考えるようになった．ちなみに，バーリンスキ氏の『史上最大の発明アルゴリズム』という本は，林大氏の訳で早川書房から出ている．

前置きが長くなったが，本書は『A Tour of the Calculus』を読んで以来，「学習本の体裁をとりながらも，そこに哲学的な議論を綯い交ぜにした数学啓蒙書を書いてみたい」というかねてよりの懸案を私なりに形にしたものである．正直に告白すれば，本書の第4章から第6章までのある部分は，『A Tour of the Calculus』の影響を受けているが，全体の主旨，志向性は明らかにバーリンスキ氏とは異なる．私の場合は，カッシーラの「実体概念と関数概念」の哲学を検証するために，数学，解析学を利用している．

私の「数学」に対する関心の持ち方が，世の数学教師や数学者とは少し異なるとはっきり自覚しはじめたのは高校生の頃からである．私の関心は「数学」自体にはなく，「数学」は恰好の哲学的素材を提供する言語体系として，常にその露な姿を私たちの前に晒しているように思われた．「数学」の面白さや不可思議さは，そのまま人間の言語思考，イメージ思考のそれであり，「数学」こそは，その最も典型的な事例であった．本書における「$2^0=1$ から $e^{i\pi}=-1$」に到るまでの記述は，この種の関心に基づいている．読者の方々には，数学に対するこの種の関心に興味を持たれ共鳴していただければ，幸甚である．

本書を原稿の段階で見ていただき，一読，どちらかと言えば本来の数学からは逸脱した内容に，真率なる理解と共感を示して頂いた富田栄氏には，感謝しても感謝しきれない．本書は，富田氏の存在抜きにはあり得ない．ここに，伏して感謝の辞を記しておきたい．

平成 17 年 5 月 3 日

河田直樹

索　引

あ行

か行

さ行

た行

な行

は行

ま行

や行

ら行

わ行

memo

著者紹介：

河田直樹（かわた・なおき）

1953年山口県生まれ．福島県立医科大学中退．東京理科大学理学部数学科卒業，同大学理学専攻科修了．予備校講師，数理哲学研究家．

著書に『世界を解く数学』（河出書房新社），『数学的思考の本質』（ＰＨＰ研究所），『定理・公式の例解事典』『算数・数学まるごと入門』『医学部良問セレクト77』『整数問題の解法研究』『場合の数・確率の解法研究』『複素数の解法研究』『空間幾何の解法研究』『論証問題の解法研究』（聖文新社），『古代ギリシアの数理哲学への旅』『整数の理論と演習』『ライプニッツ／普遍数学への旅』『無限と連続―哲学的実数論―』（現代数学社），などがある．

新訂版
優雅な $e^{i\pi}=-1$ への旅

2005年7月 20日　初版1刷発行
2016年2月 15日　新訂版1刷発行

検印省略

著　者　河田直樹
発行者　富田　淳
発行所　株式会社　現代数学社
〒606-8425　京都市左京区鹿ヶ谷西寺ノ前1
TEL&FAX 075 (751) 0727　振替 01010-8-11144
http://www.gensu.co.jp/

印刷・製本　亜細亜印刷株式会社

ISBN978-4-7687-0452-3